Tree

A Life Story

David Suzuki · Wayne Grady

一棵花旗松的
生命之旅

[加] 铃木大卫　[加] 韦恩·格雷迪　著

林茂昌　黎湛平　译

湖南文艺出版社　博集天卷
HUNAN LITERATURE AND ART PUBLISHING HOUSE　CS-BOOKY

针叶树不像苹果树和枫树那样，种子一成熟就掉落，而是把种子挂在身上，因应某些环境因素的触发，才抛掉种子

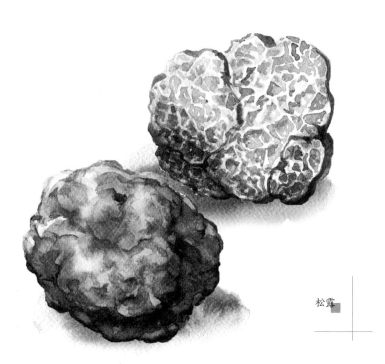

松露

花旗松传播花粉和种子都要靠风

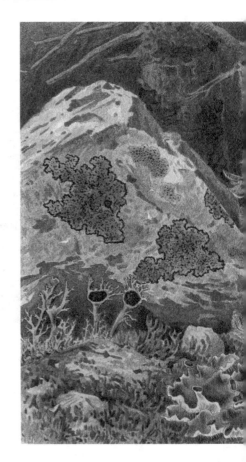

地衣不是普通植物，由真菌和藻类构成

蕨类植物的美，是一种数学美

以种子为食的松鼠

火是森林生态系统中常见而基本的成分，火会把森林中各种生命的物质和能量还原成基本成分，供新生命再利用

地壳板块漂浮在岩浆上，宛如火海上的巨型浮冰

藻类——海洋中的隐形森林

树根定植于岩石和土壤的神秘地底世界

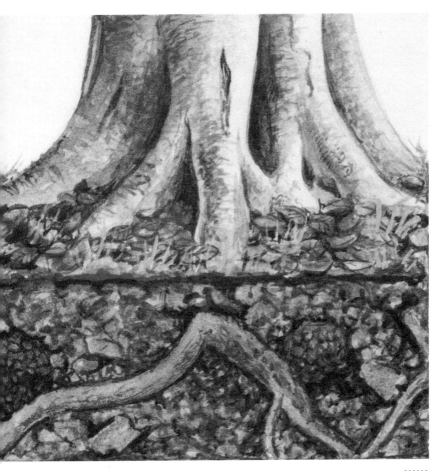

在万物出现之前，在洪水淹没大地又退却之前，在动物于地上走路、树木覆盖土地、小鸟在树丛中飞翔之前，渡鸦偷走了光，交给天空

树虽然死了，生命却还没结束

兰花是植物中最大的花卉家族，全世界有三万多种

一棵

花旗松的

:::::: 生命之旅

目录

第一章

::::::: **出生** | *001*

大约这个时候，我们的种子就浸在阳光里，旁边有些掉落的石头和岩屑，阿兹特克帝国则正在建设首都特诺奇蒂特兰城，现在被称为墨西哥城。

目 录
CONTENTS

谨以本书献给埃伦·亚当斯（Ellen Adams），

最初认识时，她还是不列颠哥伦比亚大学

动物学的研究生。

她聪明、活泼，兴趣远远超出了动物学的领域。

她太年轻就辞世了。

她慷慨支持了铃木大卫基金会的工作，

并协助本书付梓。

——铃木大卫

致
谢

一本书就如同森林里的一棵树，与周围大量的同类相联结，因而得以生存。我们要感谢许多研究花旗松的生物学家及研究人员，把这种植物神奇的特性公之于世。我们也要感谢灰石书社（Greystone Books）的罗布·桑德斯，热心而不懈地催促我们完成本书手稿。

南希·弗莱特以惯有的敏锐感为我们阅读初稿，并提供了优秀的指导；内奥米·保尔斯的文字编辑技巧让我们免于窘态毕露，我们要向他们致上深深的谢意。我们还要感谢亚历克斯·加布里埃尔，他为本书搜集了研究资料，表现可圈可点。我们很荣幸能够请到罗伯特·贝特曼为本书创作精彩的绘画作品。

还有很多朋友在本书的制作过程中提供了各种协助，这些朋友包括：卡伦·兰德曼、克里斯·波洛克、拉里·斯坎伦、真尼·冈恩、弗兰克·胡克、埃洛伊斯·亚克斯利及费萨尔·慕拉。

树，拥抱了全世界

本书是一棵树——花旗松的传记，但任何一棵树——澳大利亚的桉树、印度的榕树、英国的栎树、非洲的猴面包树、来自亚马孙的桃花心木，或是黎巴嫩的雪松——都可以作为本书的主角。所有的树，都证明了演化的奥妙，以及生命适应意外挑战，让自己在一大段时间里永续长存的能力。

树安稳地根植在地上，向天空伸展。在这个星球上的每个角落，树以非常丰富的形式和功能，真正地拥抱了全世界。它们的叶子吸收太阳能，成为所有陆地动物的福利，并把汹涌的流水转化成大气中的水蒸气。它们的枝与干为哺乳动物、鸟类、两栖动物、昆虫及其他植物提供庇护所、食物和栖息地。它们的根则定植于岩石和土壤的神秘地底世界。树是地球上活得最长的生物，它们的生命长度，远超过我们的存在、经验和记忆。树是卓越的生命。然而它们矗立着，宛如生命舞台上的多余角色，永远是周遭不断变化之活动的背景，如此熟悉而又如此无所不在，以至于我们很少去注意它们。

我出于自愿，经过修习而成为一名动物学者。我这一生中，动物一直是我所关心和热爱的对象。我最先认识的动物就是我的父母、兄弟姊妹和玩伴，然后才是我的狗史波特。我的父母是非常喜欢种花的人，但植物从未让我感到兴奋；它们既不可爱，又不会动，也不会叫几声。钓鱼是我儿时的嗜好，蝾螈和青蛙是到水沟及沼泽探险时所抓到的奖品，而种类繁多的昆虫，特别是甲虫，一直让我迷恋不已。难怪我长大后的职业是遗传学者，研究黑腹果蝇这种昆虫。

那么，为什么一个喜爱动物的人会写一本关于树的书？自从蕾切尔·卡森的经典之作《寂静的春天》让全世界把焦点放在环境的重要性上之后，大家已经对破坏世界森林的行为及缺乏永续性的工业化林业实践多有谴责。和许多行动主义者一样，我参与过保护南美洲、北美洲、亚洲和澳大利亚原始森林的活动，但我所关心的，主要是这种森林为其他生物所提供的栖息地、森林中生物多样性的丧失，以及它们在全球变暖中所发挥的作用。最后，是我岛上小屋附近的一棵树感动了我，让我了解到一棵树是如此神奇。

我的小屋前有一条小径蜿蜒至海边，在土壤结束、沙滩开始之处，坡度很陡。就在此处，土壤边缘，矗立着一株宏伟的花旗松，高达五十多米，周长大约有五米。它也许有四百岁，这表示其生命开始之时，大约就是莎士比亚开始写《李尔王》的时候。这棵树很特别，因为它从沙滩上方的堤边水平伸出，然后以三十度角弯转而上，最后转为垂直向上。树干水平的那一段是坐着或开始攀爬的好地方，我们在树干的上升段挂了一些绳子，吊着秋千和吊床。

那棵树忍受我们的活动，提供阴凉，喂养松鼠和花栗鼠，并让老鹰及乌鸦栖息，但它总是徘徊在我们的意识外围。有一天，我懒洋洋地看着这棵树畸形的树干，竟猛然意识到，几百年前，在这棵树才开始生长的时候——哦，大约是牛顿在英国观察到苹果从树上掉下来的时候——它最初生长发芽的土地，应该曾经往海边滑动过，造成这棵树以歪斜的角度从沙滩上伸出。年轻的茎必须改变生长形态，才能继续向上爬升、接受光线。多年后，应该又有一次土地滑动，造成树干进一步往下掉，以至于水平，而还要再经历向上弯曲生长，才能变得垂直。那棵树是无言的历史证据。

任何一棵树的生命历程都充满了风险。树不会动，却必须尽其所能，把花粉抛离自己的土地，愈远愈好，然后再把种子散播到自己的势力范围内。树已经演化出许多神奇的机制来完成这项任务，从利用动物作为传播媒介，到将螺旋桨、降落伞和弹弓安装在种子坚硬的外壳上。任何人只要见过常绿林上端的花粉雾、棉白杨的柔荑花序在安静溪畔所形成的薄纱云，或是栎树在结实的丰年里成堆的栎实，就会知道，树为了确保非常少数的幸存者，竟是如此放肆浪费。一粒种子，不论落于何处，其命运已定，对大多数的种子而言，这表示它只能躺着，暴露于昆虫、鸟类或哺乳类动物的掠食下，在石头上枯死，或在水中淹死。即使种子落在土壤上，未来也未必高枕无忧。那一丁点的原生质，包含了所有来自亲代的遗传，储存着其首次发芽所需的养分，还有一套基因蓝图，通知这株生长中的植物要向下扎根、向上长茎，还告诉它如何抓住能量、水及生命所需的物质。它的生命已经被设计好了。然而，它还必须有足够的灵活性，以应付意想不到的暴风雨、旱灾、火灾和掠食者。

一旦种子的第一条根穿进土壤，这颗种子就和地球上的这个地点结下了不解之缘，它未来数个世纪将在此地取得生存和生长所需的所有物质。它必须从空气和土壤中得到所有必要的元素以制成分子，形成结构，使树能直立，离地数十甚至数百米，并重达数十吨，抵抗火、风的破坏力。人类的巧思和科技，永远都无法和每棵树与生俱来的力量和韧性匹敌。只要有阳光、二氧化碳、水、氮和一些微量元素，一棵树就能制造出一整套复杂分子，而这些分子就是树身结构和新陈代谢的建构基础。为了完成这项技艺，树聘请真菌来帮忙，真菌将树根和根毛包裹起来，像一层细丝饰品似的，把土壤中的微量元素和水析出，和树交换树叶制造出来的糖分。

树的原生质里包含着能量存储器和其他分子，这些物质是其他生物所无法抗拒的诱惑。对付掠食者，树无法跑掉、躲藏或攻打，但它们也不是无助的受害者。它们的树皮就像一层盔甲，而且会制造各种强效化合物，作为毒药或对付入侵者的驱虫剂。树如果遭到昆虫攻击，就会产生挥发性化合物，它不只驱赶昆虫，还可以警告附近的树有危险，刺激它们合成驱虫剂。树的细胞为真菌提供食宿，这些客人则把所制造的避免细菌感染的物质作为回报。如果疾病或害虫得逞，树也许会把受害区域封起来，牺牲枝干或其他部位，以求其余部分得以生存。在土壤中，树群中的树根也许会相互混杂，几乎融为一体，树与树之间便得以沟通、交换物质并相互协助。没有一棵树是孤岛，树是社区公民，从合作、分享和相互帮忙中获得好处，这和任何生物从参与完整运作的生态系统中所获得的好处是一样的。

一段时间之后，即使是最坚韧的树也会被无情地戳伤、穿透、腐蚀和削弱。树的死亡讯号并不是心跳停止、脑死亡或咽下最后一口气。濒死的树还会断断续续地运作：根企图把养分和水分经由堵塞而残破不堪的管线送回来；光合作用零零星星地进行。最后，树变成了一堆没有生命的枯立木，但依旧支撑着为数庞大的其他生命。当它最终倒下时，腐烂的树身仍旧喂养和支撑着继起生命，达数世纪之久。

纵观历史，我们一直在思考人类和地球上其他生命的关系。过去，许多人认为，我们不只和动物，而且还和所有绿色植物相互依存，有着亲缘关系。他们想象宇宙如何形成，人类何时及为何出现，以及事情的来龙去脉。这些在各个文化中传述的故事，反映了塑造着各民族世界观的观察、想法和推测。

科学代表一种完全不同却很有力量的观察世界的方法。把焦点放在自然中的一小部分，控制所有的干扰因素，并测量和描述某个特定片段，我们就得到了深入的看法——对那个片段的看法。在此过程中，科学家忽略了那一小部分存在的背景环境，不再去看当初使那个片段变得有趣的韵律、周期和形态。科学观点处在一个变动中的稳定状态，因为新的观察而被不断地深化、改变，甚或弃置。在本书中，我们试着重拾门外汉的好奇心和怀疑心态，并辅以科学家目前所获取的信息。一段时间之后，细节仍将有所改变、有所增添，但万象依旧如往常一样神奇而耀眼。

一棵树的故事，把我们和其他时空及世界各个角落联结起来。本书讲的就是这么一个故事。但这个故事也是被称为地球的这片土地上的所有树以及所有生命的故事。

铃木大卫

二〇〇四年六月

小屋旁的花旗松

大约这个时候，我们的种子就浸在阳光里，旁边有些掉落的石头和岩屑，阿兹特克帝国则正在建设首都特诺奇蒂特兰城，现在被称为墨西哥城。

树会扭曲时间。

约翰·福尔斯《树》

一道闪电照亮了天空，打在林木丛生的山脊最高点。山顶并未着火，这些树既年轻又强壮，但在低一点的地方，多年来的枯立木和落枝已经累积成一堆干燥的火种。一株枯立木燃烧了数天，还带着余烬的木炭掉到了下面的岩石土壤上。炭火传给周围的落叶层，引发了一场地下火，点燃了火径上的小细枝和球果。火苗向上蹿烧，触及活树底层的枯枝，迅速顺着交错的树枝拾级而上，进入了中段的树脂层，火势在此非常猛烈，以至于耗尽了附近空气中的氧，而温度也远远超过活枝条的燃点。接着，就像突然打开壁炉的空气阀一样，空气对流所激起的风适时带来了新鲜的氧气，就如同某种邪恶魔法一样，似乎全世界的火都同时点着了，烧进了树冠层。开始时只是地下火，现在则成了树冠火，这种火会四处蔓延。

树冠火的行进步骤是派斥候先行，寻找新鲜的资源。起初，主火开始前后摆动，仿佛不知何去何从；接着其火苗触须绞成小火圈、螺旋、旋涡和小龙卷风，它们迅速结合，形成一个大而猛烈的气旋，一个筒状的螺旋烟卷。顶部的空气以一千摄氏度的高温燃烧，它们被吸到底部，拾起燃烧的枝条，有时是整枝木头，并把它们往上带到封住筒状体的排气口，此时就好像一尊大炮，把枝条射到数百米外未着火的森林中。空气中充满了火箭。它们的任务是点燃星星之火，或是围绕着主火，燃起旁边的小火，在返回主火之前先融合起来。

当主火和联合起来的星星之火之间的空间温度变得比木材的燃点还高，而且有风带来新鲜氧气时，突然，毫秒之间，主火和殖民斥候之间就没有分别了。这被称为爆炸。悄悄前进的火突然占据了一百平方千米。它不再线性移动，它现在是四散的野火。整个森林乱成一团，烟火交错，高温烧炙，鸟类等动物在黑暗中惊叫乱窜，巨石松动，狂风怒吼，所有生命似乎都到达了终点。

当这个区域中每一个可以烧的东西都被烧过了之后，当地表的植物被掠夺一空，使有机养分毫无用处时，当水分从河床上蒸发之际，当石头碎裂，大火燃烧所产生的烟尘旋转上升到地球大气层的极限时，火的惊人毁灭力量继续发威，它跟随着新斥候，往地理或风所决定的任何方向，去开发新领土。它走过之后留下的是一片死寂。唑唑声和吼叫声都离开了。动物没了，鸟类、爬行动物、昆虫没了，没有柳树迎风，也没有枝条相互摩擦的声音。除了木炭和灰烬之外没有颜色。看到如此荒凉景象的人，如果认为火是来自"地狱"的灾难，那也情有可原，毕竟与这场爆炸几乎同期的离我们半个地球远的诗人但丁就是这么称呼这片地下区域的。雨来自天堂；火则来自地狱。

这样的人错了。在北美洲的西海岸，也就是这场火发生的地方，经常有这种大火。这种真正的大火，世纪之火，每二百年到三百年就席卷整个北部森林一次；较小的地面火灾则每三十年肆虐两次。成熟的花旗松、锡特卡云杉和巨杉等大树活了一千年以上，于是我们可以认为，即使遭逢最大的火，它们也不会被烧毁。事实上，大树是靠大火来推进并完成它们的生命周期的。

大自然之火既非来自天堂也不是来自地狱。它们是主导动植物生命的自然进程的一部分。火是一种能量，来自核聚变的巨大熔炉，即我们的太阳。太阳能流动到地球上，被叶子抓住，然后转换成稳定的分子，如果发生意外，这些分子会被重新点燃而转化为火。在这个世纪里，火和雨一样，或是和昆虫的嗡嗡声、北美飞鼠和红树田鼠的唧唧声一样，都是森林生命的一部分。

美国黑松、巨杉及其他西部针叶树是晚熟植物，较晚开花。它们不像苹果树和枫树那样，种子一成熟就掉落，而是把种子挂在身上，因应某些环境因素的触发，才抛掉种子。美国黑松可能一直保持球果的封闭状态达五十年，等待一场火的到来，才打开球果，释放出种子。红杉也同样紧闭其球果达数十年，只有当球果受热达五十到六十摄氏度时，才释放出种子，而这种温度只有火才能达到。植物（和动物）的组织在五十摄氏度时开始坏死，这表示这些巨人在温度高到足以杀死它们自己时释放出种子。有人认为，某些针叶树最低矮的枝条枯死后还留在树上，没有别的目的，只是为了扮演燃料，把地面上的火射上它们的树冠，以对球果进行加热并使其弹出种子。

在所谓的火险气候区里（年降雨量少，少于一百二十五厘米，干热期长，有强风），抵抗高热的能力是种珍贵的特性。澳大利亚就有这种气候，而其特有的桉树或树胶树，是地球上最容易着火的树，会产生大量的干树叶甚至可燃气体，能把火焰射到一百米远。然而桉树能抵抗难以置信的温度，而且某些品种甚至需要火来维持生存。即使处在相对潮湿的气候里，耐火能力也是一种资产。例如在夏威夷，长柄铁心木实际上可以在火山所喷出来的热熔渣的掩埋下存活，而且还能冒出新芽，甚至还能在一堆新鲜的火山灰底下长出新根。

花旗松不需要火来繁殖，但它们的生存的确要靠火。其幼苗不耐阴，这种树要靠火把基地附近像西部铁杉和北美乔柏这样的低矮树种清掉，以便它们的种子掉下时，能够安置在未被占用，从而没有遮阴的土地上。而且，灰烬中含有珍贵的养分，年轻的幼苗得以旺盛生长。如果没有火，花旗松终将消失于铁杉和乔柏林中。成熟的花旗松可以耐得住这些清场的火，因为它们已经演化出厚而不可燃的树皮（成株的树皮最厚可达三十厘米）来保护里面的形成层。

火的行径怪诞。它在几天之内横扫数千公顷的林木，似乎铁了心要毁掉它路径上的所有东西，却在这儿留下一株幼苗，那儿留下一棵成株，其他地方则立了几棵完整的树。经历这场火之后，对这焦黑的山谷匆匆一瞥，除了烧焦的木桩斜倚在灰烬堆上之外，空无一物。但仔细看，尤其是在雨后，将会发现偶尔的一抹绿意，流出的少许树脂，闪闪地映着阳光，而在山脊低处下方的掩蔽处，有一小片森林绿洲。

虽然花旗松的球果不需要高温来撬开，但它们必须干燥到自然

大火之后

含水量的百分之五十以下。在大火持续燃烧的这几天里，一棵七十米高、昂然矗立的花旗松上所悬挂的数百颗球果慢慢张开鳞片，把它们所藏的带翅种子，释放到来去自如的风中。种子各自或转或旋地飘落到地上。它们之中，百分之九十五会掉到石头上、水里面或贫瘠的土壤上而不能发芽。其余的，百分之九十五会因缺乏养分、遮阴太多，或是被前来探险的鹿鼠或道氏红松鼠吃掉，而活不过第一年。但大自然的铺张浪费，确保有一些种子（足够了）会落到湿润而富含矿物质的土壤上，它们能刺激其发芽。这些种子中的大多数将永远无法长到成株，在树皮还不够厚之前就在另一场大火中丧生，被黑尾鹿吃掉，被麋鹿用来磨长得太旺的鹿角，遭遇昆虫、真菌病、干旱、土地位移、霜害，或是其他树的竞争。但在再度转绿的山谷向阳处，它们之中有一颗会将自己置身于空旷、高耸、排水良好的地方，那里阳光充足，还有从太平洋吹来的阵阵水汽。这颗种子会生根、长主干、抽出枝条、散出针叶，并在未来五百年的光景里，继续茁壮成长。它，就是我们的主角。

// 开始

　　火是森林生态系统中常见而基本的成分。火会把森林中各种生命的物质和能量还原成基本成分，供新生命再利用。火、种子和我们这棵树接下来的成长，是一个进程中的几个阶段，这个进程远在动物出现于地球前就开始了。我们的宇宙于一百三十八亿年前发生了大爆炸。当时，所有的物质都被压缩在一起，成为一个奇点，而这一点，不会比本句结尾的句点大。然后，这个点以无法想象的力量、温度和速度爆炸，向外喷出，到今天还在继续扩展。在接下来的九十亿年里，冷却气旋含有足够多的物质，能产生引力把空气吸进来，成为密度不断增加的凝块。以宇宙的时间坐标来看，突然间，天空被数十亿颗几乎同时点燃的核子反应炉（恒星）照亮，其中一颗就是我们的恒星——太阳，由云团所形成的太阳，包含了太阳系百分之九十九点八以上的物质。

　　行星则是由那百分之零点二，未被困在太阳里的宇宙气态物质凝结而成。当地球成形时，约四十六亿年前，局部的引力把地球挤压在一起，其核心则受热成为岩浆。这颗行星上的大气层没有氧，但充满了二氧化碳和水蒸气等温室气体，它们形成一层隔热毯，把地球的热量包起来，使其表面温度稳定在适合生命存活的水平。于是舞台设置妥当，打上灯光，生命大戏便要开演。

第一幕是这样的：地球表面冷却成广大的地壳板块，漂浮在岩浆上，宛如火海上的巨型浮冰；它们相互碰撞之处往天空挤压，形成山脉，它们被拉扯分离之处，则有海洋涌入填补缺口。一阵子之后（这一阵子就是五亿年以上），蒸发、凝结和降水的水文循环系统自行在不毛之地上建立起来。洪水流动时，蚀刻出峡谷，从被冲刷入海的岩石中溶出矿物质，经过数千年的累积，这些物质和水里既有的元素相结合。海洋变成富含碳、氮、磷、硫、氢和钠的溶液。土地则得到由沙、砾石、火山灰、淤泥和黏土所组成的一层薄尘。

大约在第一幕戏的中场，这些建构基础在海洋里结合，形成活的有机体。它们如何形成，是现代生物学上争论得最激烈的问题，但大多数人同意，这大约发生于三十八亿年前或三十九亿年前，发生于水中，发生于一个需要能量的进程中。那能量可能来自不同源头：来自无臭氧大气的紫外线、闪电、流星雨（根据某些假说，流星带来少数地球所缺少的基本元素），和海底的温泉口——岩浆从地壳板块的裂缝中冒出，使水过热，并提供甲烷和氨等成分。

一些原子和分子最后合成较大的聚合物：高分子的脂肪、碳水化合物、蛋白质和核酸。由于不明原因，复杂的分子被脂肪膜包住，区隔出内外。这些就是原始细胞——生命的开始。在某一时刻，无生命的物质已经经过相当复杂的安排，变成了生命。第一幕结束。

今天，生命和非生命之间的分别有几项特性，没有任何一项特性是生物体所特有的，但集合起来，它们只表现于生物——高度有序的结构、繁殖、生长发育、对能源的利用、对环境的反应、体内平衡（维持内部环境不变）和演化适应。我们不知道有多少潜在的生命形态在短暂出现后，就屈服于来自其他的潜在生命形态和环境条件的压力，或者因为缺乏资源或应变能力而消失，退回成未成形的物质。生命也许是这样产生的，由于原始海洋中充满了各式各样的分子基材，自发性聚集经常出现。若果真如此，当时的竞争应该相当激烈，失败的代价则残忍无情。其中只有一个实验被证实是成功的。一旦出现一种生命形态，在竞争上胜过其他所有的生命形态，能自行复制，并以各种方式进行变异，以增加竞争优势，这种原始的单细胞细菌便成为地球上所有未来生命的始祖，也是这个星球上最后一例，由无生命物质通过自发性聚集产生的生命形式。此后，只有生命产生生命，代代相连从未间断，直到现在。

生命在第二幕开始时（一开始的几亿年间）并不容易。早期的细菌细胞必须在海洋里四处搜寻谋生，例如，运用原子间硫键断裂所释放的能量以执行化学反应，或是群聚在深海温泉附近取暖。如此微小的活动，大都发生在冰下数千米处，因为雪球地球（Snowball Earth，描述距今七点五亿年前到五点八亿年前一次极其严重而漫长的冰河时代）已经连续经历了好几个阶段的酷寒。这些早期生命形态，受到变动的环境和自然选择的塑造，演化了数千万年。

演化的基本引擎是突变：生物基因蓝图中，稀少而无法预测的变异。数代以来，由于生物只是以二分裂法简单地一分为二，该生物的所有基因乃依照计划复制、繁殖。但接着，突然而随机地，在某一子代中，承袭到修改过、不一样的某一基因的个体，就成了变种。在生命出现后的最初年代里，突变就是机会，产生也许能带来些许优势的变化。

今天，经过数十亿年的演化之后，任何一个活体都是经过万古天择磨炼出来的基因组受体。就像手工精致打造的表的零件是由数代的瑞士制表师傅煞费苦心研发而成的一样，细胞核中的基因系经过汰选，而能在该生物的一生中正常运作。如果我们打开手表后盖，胡乱插入一根针，这种随机事件能改善手表功能的机会相当有限，而绝大多数的情况是这个举动将会带来恶果。突变事件就好比手表里的那根针，这就是为什么大多数的突变都有害，造成子代不适合在亲代的栖息地生存。但在很长一段时间里，突变会意外地提供优势，例如，在新陈代谢反应上的些许、几乎察觉不到的效率提升，或是附肢莫名其妙地变大、扭动时，可以提供推进力量。具有优势的子代存活下来，并透过竞争，把其余的兄弟姊妹淘汰，演化由此发生。不过，等待突变发生是一种随机而缓慢的生命推进方式。

然而，在性被发明了之后，演化的速度就大幅加快。有性生殖轻轻松松就打败了其他方法。性，引发基因混合和改组，产生庞大数量的新组合，大幅提升基因混合体带来些微优势的概率，而且巧妙地引入了死亡的必要性。当细胞进行无性生殖时，一如所有生物在早期数百万年里的做法，只是简单地生长和分裂为二，这两个子细胞完全相同，而且和它们的亲代细胞也相同。如果栖息地维持不变，这三个细胞，亲代细胞和两个子细胞有同样的生存概率。基本上每个细胞都可以长生不老，因为它可以一直无限分裂下去。然而，当有两个亲代时，可能的结果数目就成指数级增加，这意味着产生了更多不同的基因组合，它们超过了可存活的数量。

举例来说，每个亲代都带着基因 a 的两种形态，或称等位基因。其中一个亲代带着两个 a1 基因，而另一个亲代带着两个 a2 基因。通过有性生殖和基因重组，下一代将出现三种可能的组合：a1a1、a1a2 和 a2a2。现在，假设还有另一个基因 b 也存在两种形态：b1 和 b2。那么，可能的组合数上升到九种：a1a1b1b1、a1a1b2b2、a1a1b1b2、a1a2b1b1、a1a2b1b2、a1a2b2b2、a2a2b1b1、a2a2b1b2 和 a2a2b2b2。如果有三个具备两种形态的基因，则其组合数就跳到二十七种。如果有 n 个基因，其组合数就是 3^n（n 个 3 自乘）。这是假设每个基因只有两种形态，然而在现实中，每个基因也许会有好几十种不同的形态，于是，可能的组合数进一步暴增。最近，完整的人类基因组译码显示，我们每个人携带的基因可能多达三万个，这表示，如果每一个基因只有两种形态，其基因组合数将是三的三万次方，一个超过我们理解的数字。有这么庞大的变异量，于是竞争爆炸，许多细胞必须死亡。性的引入，是生物版的偷尝禁果，导致地球上的生物被逐出伊甸园。

将近有二十亿年的时间，单细胞细菌是这个行星上唯一存在的生命。如果我们能够回到那个时候，以裸眼观察，那么地球像是没有生命，因为细胞只有用显微镜放大才看得见。但海洋充满着丰富的不同生命形态，全都在为资源和使用资源的空间而竞争。这是一个微生物的行星。从许多方面来看，现在依然如此。今天，科学家发现古细菌存在于地球表面下十五千米处，嵌在坚硬的岩石中。它们勉强维持生存，打破使原子相互结合的化学键以获得能源，啜饮岩石中的水分子，分裂的频率则可能少到一千年到一万年一次。这些细菌被锁在岩石中，不会受到冰河时期和温暖期的突变、大陆漂移及动植物大规模变化的影响。它们就像博物馆，保存着数十亿年前的基因情况。令人难以置信的是，在四千万年前的蜜蜂的内脏化石中，竟发现了活菌。据估计，地球上所有微生物的总重量超过了从树到鲸鱼、到草、到人类的所有多细胞生物的总重量。而正如我们看到的那样，我们人类和树木一样，都是这些原始细菌生存策略的精心杰作。

但接着，故事情节发生转折。在温暖周期里，一种类似现代蓝绿藻的生物发现了进行光合作用的方法——抓住落在海洋表面上的几束巨量的太阳光子流，利用其能量，转化成可以根据需要储存和使用的糖。这些光合作用者，是地球上最早的可以被称作植物的生物，散布于三十五亿年前的海洋中，充满最上层的二百米。它们非常善于利用流到地球表面的能量，其他非光合作用的细菌提供自身的原生质给光合作用者作为庇护所，以换取一些糖分。

这个原始的互利合作非常成功，以至于促成了其他功能的结合，诸如细胞分裂及能量生产也在类似的共生关系中被发展出来。光合作用细胞在借来的原生质里受到保护和滋养，最后终于把自己的整个未来和它们的寄主细胞绑在一起，通过完全整合以及被称为叶绿体的依赖性细胞器。光合作用是一种化学过程，让这个行星上几乎所有不同的独立、自行繁殖的生命成为可能，其效益则透过合作在细胞间相互分享。它还有附带效益：吸收二氧化碳减少被困在地球表面的热量，并释放有趣的副产品——氧气。

起初，这些光合作用者就是细菌或被称为原核生物的单细胞生物。和所有演化上的"突破"一样，光合作用者的早期模式应该很粗糙，但与不能利用阳光者相较，它们仍有巨大的优势。但当它们散布开来时，它们就再度开始竞争，而通过自然选择，光合作用变得更加有效而多元。并非所有细菌都能进行光合作用，但可以进行光合作用的细菌，能免于为能量来源而竞争，迅速占领海洋。作为浮游植物，它们仍旧拥有今天的海洋，而且地球上发生的光合作用有一半以上由它们进行，这也是为何它们被认为是"海洋中的隐形森林"。

大约在三十五亿年前到二十五亿年前之间，有一类原核群从其他的群组中分离出来，形成三个新系：古细菌系（例如嗜极菌，生活在深海火山口附近，甚至里面）、真细菌系（延续能进行光合作用的蓝绿藻那一系）和第三系。第三系最终变成真核生物，是一种具有细胞核的有机体。真核细胞起初是几个互利共生有机体的集合体，因为对寄主太有用了，以至于变成叶绿体和线粒体等细胞器。第一个真核生物是单细胞生物。它们成为多细胞生物的建构基础，多细胞生物这个群组包含所有的动物和植物。多细胞生物让单一个体里的细胞能够分化。一个多细胞真核生物是许多不同形式细胞的集群，每个细胞都执行对集体有利的工作，这基于对集体有利就对单个细胞有利的认识。一如细胞器和多细胞生物所展示的那样，在大自然中，合作和竞争一样，是一种驱动力，在无情的自然选择游戏中，提供选择优势。

如果有适当的养分，几乎所有构成人类的那一百万亿个细胞都能自行新陈代谢、成长和分裂。每一个几乎都够格成为独立的细胞，然而，每个细胞也都被整合在一个更大的整体里。因此，一个个体人类，就是在演化过程中的某一点上，出现的一群可能自给自足的细胞，它们为了整体更大的福利而合作，形成一个集群。从这个集合整体所表现出来的人类意识，则是一种新特质，远超过仅把各个部分加总起来的表现。

　　一开始，多细胞生物是自私和利他的奇怪混合体。每个细胞，如果要把自己小家庭中的所有工作照顾好，就无法把任何一件事做到最好，而多细胞生物中的每个细胞并没有这种负担。例如，一群细胞可以专注于消化，另一群则可能以生殖见长。第三群可能投身于能量获取或光合作用，把自己排列在庞大的表面上（例如叶子），吸收足够的阳光供给整个集合体能量，同时和周围的生物争夺在太阳下的空间。

　　大约在四亿五千万年前，很可能是因为过度拥挤和极度竞争的结果，一些植物从海洋环境移出到陆地上。有些生物被海浪冲到岸上，或是被暴风雨吹到陆地上，它们没有死掉，反而适应了水分有限的挑战环境，但这环境也蕴藏着许多机会——未经水滤过的阳光和富含二氧化碳的大气。第二幕到此结束。

　　当早期的植物散布到陆地上时，它们遇到充足的阳光，但由于离开海洋环境，它们不再浸泡于含有溶解的矿物质、元素和小分子的水中。它们必须从空气中吸收二氧化碳，而且必须找到新方法来寻找和吸收光合作用所需的营养、微量元素和水分。陆地上有灰尘、淤泥、沙、碎石和黏土，但没有土壤。只有在陆生植物世世代代的生生灭灭之后，它们辛苦得到的矿物质和分子，加到岩石表面的惰性基质上，花了数十万年，才创造出土壤来。在数百万年间，陆上植物成了地球上另一半进行光合作用的生物。

现在陆地被土壤和蓄水池覆盖着，看起来到处都是植物，它们为了争取一丝阳光而用尽各种手段，这种情况愈演愈烈。用达尔文的话来说，在求生存的相互斗争中，竞争有利于进取和创新。找出方法得到阳光的个体，以些微优势领先其得不到阳光的兄弟株而得以生存。达尔文称之为"生命的伟大战争"。竞争最激烈之处，出现于"在大自然中占据几乎相同位置的同类物种之间"，达尔文在《物种起源》中写道。换言之，大自然最惨烈的战争一直是内战，兄弟对抗姊妹、子女对抗父母。优胜劣败。"每个有机生命……在其生命中的某段时期、在一年中的某个季节、在每一代或世代交替间，必须为生命而奋斗，并饱受大毁灭之苦。"在充满同种植物的野地里，站得比其他植物高一些者，将会以牺牲兄弟株为代价，而茁壮成长。

石炭纪始于三亿五千四百万年前，在此之前的某个时期，已经入侵陆地的物种的某些子代个体，试探性地爬上地面，偷走其兄弟的阳光而茂盛生长。要成功做到这点而不被风或浪吹倒，或不被其他努力模仿其成功方式的植物拉下来，它们就必须发展出坚固的茎和强韧的根。它们必须成为树。

// 土壤中的家

虽然有些植物的种子，例如巨杉，喜欢充满灰烬的土壤，但花旗松的种子可以休眠多年，等待氮和其他养分来恢复土壤基底。氮是生命不可或缺之物，为构成核酸和蛋白质的元素，占我们身体重量的百分之二。氮在空气中相当丰富，占了百分之七十八。但在土壤中，每一百万个粒子中只出现五个含氮粒子。氮浓度低是植物生长的最大限制因素。而在陡峭的太平洋海岸山脉，绵绵不绝的雨已经把诸如氮之类的养分冲离了薄薄的土壤层。由于氮不是高度活跃的元素，它必须经过一个生命过程，转变成氨或氮氧化合物，才能被生物吸收和利用。这个转换过程称为固氮。

在森林中，酪酸梭状芽孢杆菌这类的细菌把空气中的氮抓下来，固定到土壤中。这种细菌在八十二摄氏度就会被消灭，而花旗松休眠种子所在的地表，发生火灾时可轻易超过此温度。克里斯·马泽尔在《原始林》一书中，追踪了大火之后酪酸梭状芽孢杆菌重回上层土壤的秘密路径。

在地表深处，松露和各种森林真菌的子实体（fruiting bodies，真菌产生孢子的构造）躲过了大火。细菌和酵母菌孢子就长在松露的表皮上。鹿鼠可能是北美洲分布最广的啮齿动物，为杂食主义者。它们喜欢吃种子，但也不排斥坚果、浆果、虫卵和幼虫，或菇类。它们会做大型的种子储藏室（鹿鼠在美国西南部所储藏的松子带有致命的汉坦病毒，会造成四角病），这表示它们对家有很强的依恋，例如它们被火灾赶走后，很快就会回来。然而，大火摧毁了它们大部分的食物供给，包括它们的种子储藏室。于是，它们在晚上匆匆地跑来跑去，挖起松露饱餐一顿（过得还真不错），没多久就排出颗粒状的大便，上面带着未消化的酪酸梭状芽孢杆菌。"于是，"马泽尔写道，"被烧过的土壤，几乎马上就被森林中的小型哺乳动物，以从活森林中搬运过来的松露孢子、固氮细菌、酵母菌重新接种。"

"几乎马上"也许有些夸张，但并不过分。太平洋西北部是北美洲最多样化的动物群落的所在地，鼹鼠、田鼠、花栗鼠、囊地鼠、鼩鼱、老鼠和林鼠中的数十个物种都跟花旗松森林有关，鹿鼠和这些小型动物忙着把贫瘠的木灰转化成肥沃的土壤。有一份研究指出，特氏鼩鼱、漂泊鼩鼱、鹿鼠和爬行田鼠这四种动物，在火灾清理过的森林区域里，特别活跃。但即使有一群食虫动物和啮齿动物的小型部队来排便，大火之后，森林中的树木可能也要花五十年到一百年才能完成重生过程。

鹿鼠也喜欢吃花旗松的种子，它们硕大而营养丰富，而且落在空地上不太可能很久都找不到。我们这颗种子还蛮幸运的。世纪大火冒出来的烟，让大气充满了尘粒，而这些尘粒形成雨滴的核心，不出几天，火后大雨在山谷那儿倾盆而下，灰烬溶于水中，然后渗入土壤。水流成河，数以千计的种子被大水从火灾区冲出，顺流而下。许多种子被冲到海里，腐烂后就成了海中生物的食物。然而，我们这颗却碰到了一个小型回流，它是通过水道在一堆落石处突然转向而形成的，然后种子随着漩涡卷到漫滩上，当大水消退后，就在此处安置下来。大雨不只冲刷土地，还清理天空，当云消雾散时，太阳出来了，晒干了所有的雨水。

地球在绕行太阳的轨道上运行，产生季节变化。终于温度下降，雨转成了雪，由于我们的种子所在的高度，从十一月到四月，降水形式主要以降雪为主。大雪满山满谷，覆盖了森林遗留下来的伤痕。现在只有矗立的木头是黑色的，还有麋鹿和白尾鹿漫步所留下来的细致脚印是黑色的，它们沿着路快速往山下移动，那儿有好吃的牧草。

// 原始林

冰河撤退之后，百分之五十以上的地球陆地都是森林——只要不是有山、冻原、大草原、干草原或沙漠的地方，就都有树。全世界的森林占地一亿二千五百万平方千米，包括热带雨林、温带阔叶林和北方针叶林。地球是一颗绿色行星。树木从大气中吸收温室气体，并置换成给予生命的氧气。它们把养分和氮贡献给土壤，使其适合农耕。如果没有森林，我们几乎可以确定，地球上的生物还是以海洋生物为主。然而因为人类的活动，那些远古留下来的森林遭到了极大的破坏，而对它们所保有的物种，我们也所知甚少。有哪些脊椎动物、昆虫、植物、真菌和微生物依赖原始林生存？当原始而复杂的森林群落被农业林，甚至次生林或三生林取代时，这对气候形态、冲蚀、风和太阳效应会产生什么影响？南美洲、澳大利亚及新西兰、亚洲和欧洲的研究，几乎才刚开始揭示原始林及其特有物种的特殊性质，但强大的现代科技和爆炸增长的人口数量、消费以及全球经济的重度需求，却正在消灭物种，有的物种甚至在未被发现之前就绝种了。

在欧洲人来到太平洋西北部之前，花旗松覆盖了超过七千七百万公顷的山区和海岸栖息地，从加拿大不列颠哥伦比亚省中部南下到墨西哥，从东方的喀斯喀特山脊向南到威拉米特和萨克拉门托山谷，从海岸山脉顶上，下到几乎触及太平洋海岸线，那儿有一小片锡特卡云杉、西部铁杉和北美红杉，把花旗松林和大海隔开。这是个相对年轻的生态系统。在威斯康星冰期结束时，差不多是一万一千年前，极地气候转为温带气候，这迫使庞大的落叶林东移，并把温和而潮湿的冬季和干燥的夏季带到西部，这种气候很适合针叶树。第一批迁入的树种是美国黑松，称霸了数千年，直到气候变得相当温暖。然后花旗松取而代之，整个景观被它们的树冠、粗树干和密实的针叶占满，在这新的栖息地上，它们完全胜过其他树种——北边的北美乔柏和西部铁杉，低地和山谷地区的太平洋紫杉和大冷杉，南区的黄松、锡特卡云杉、糖松、石栎和太平洋浆果鹃。总之，这些温带雨林每公顷所支撑的生物量比地球上的任何生态系统都要多。在这个行星上的每个地方，树木发展出不同的策略，利用其周遭独特的气候、地理和生态条件以求生存。

花旗松是先驱树种，这表示它能快速移动，有效进入没有其他树木的区域进行殖民，这特别有利于排除其他树种，至少可在树身长高而挡住阳光之前，排除其他树木的进入。接着，少数耐阴树种可以在它们的枝干的遮蔽之下存活一阵子。但如果每隔几年就来场清理大火，把附近的枯木和低矮灌木清掉以利于花旗松幼苗的生长，则花旗松会长得更旺。讽刺的是，铁杉、乔柏和冷杉等低矮树种，也都是殖民树种。它们在下面耐心地等待时机，直到那棵大树长得太大了，超过其根系的负担而倒下，然后，它们就可以占据这块地盘。

最早记录花旗松的植物学者是十九世纪的自然作家约翰·缪尔。他称之为花旗杉，然而，却低估了命名学上的问题。花旗松并不是冷杉，或云杉，或松，虽然它常常被这么称呼。这就是花旗松的英文 Douglas-fir 中间加个连接符号的原因。该树的学名 *Pseudotsuga menziesii* 也没有提供太大帮助，Pseudotsuga 的意思是"假铁杉"，Menziesii 则是亚历山大·孟席斯的姓氏，他是皇家植物学者，当他坐着乔治·温哥华船长的"发现"号航行到北美洲西海岸时，他采集到了这种树的幼苗。

对缪尔而言，花旗松是"目前为止我在所有森林中所见过的最雄伟的云杉，也是主要松林区里最大、最长寿的巨木"。从他对南加利福尼亚州的感受来看，虽然以花旗松为主的俄勒冈森林太密又太暗,但高山地区的花旗松林和糖松林是稀稀疏疏的,而且"在中午,没有被太阳照到的森林面积只有百分之二十",这简直是天堂。"这种强壮的云杉,"他写道,"永远那么美丽,一个世纪又一个世纪,经历了一千次的暴风雨,依然青春永驻,迎接山上的风雪以及夏日和煦的阳光。"在欧洲人到来之前,花旗松林是原始林。

没有人可以明确知道在欧洲人到来之前,北美洲到底住了多少人,但考古学和DNA上的证据显示,早在哥伦布在伊斯帕尼奥拉岛的海滩上建立第一座绞刑台之前,北美洲就已经有了稠密的人口、丰富的历史和多元的文化。目前的估计是十四世纪时,居住在这里的人口已经多达八千万,几乎与当时的欧洲人口一样多。当时之所以有这么多人住在太平洋西北部,原因或多或少和今天许多人住在那里的理由相同:气候温和、渔产富饶、森林有丰富的动植物资源,还有山脉作为屏障,以防该大陆上其他地区的人觊觎此处。最近,在沿海小岛和洞穴地点等在冰河时代未经冰河覆盖的地区,有考古证据显示,这些人的祖先并没有像以前所假设的那样,跨越白令陆桥之后走山路过来,而是更早之前就搭船过来,可能是来自波利尼西亚群岛,澳大利亚的土著民也来自那里。他们从海上过来。

大约这个时候,我们的种子就浸在阳光里,旁边有些掉落的石头和岩屑，阿兹特克帝国则正在建设首都特诺奇蒂特兰城，现在被称为墨西哥城。太平洋西北部并没有进行这么大的都市计划，但人口也算不少。沿海萨利什人分布于北到温哥华岛北方，南到哥伦比亚河之间的低洼地区，居住在小型的氏族村庄里，每村约有三百人，维生的方式是在河里捕鲑鱼、在海边采集蛤蜊和牡蛎，以及贸易——每个村庄也是一个商业中心。村子很小，但很多。每个村子约有一百户。沿海萨利什人使用树也尊敬树，用北美乔柏制造独木舟、长屋和墓碑，因为这种树够大，但比花旗松容易砍伐，也比较软，方便雕刻，最重要的原因可能是它们长在海岸线上。他们甚至用其树皮做成夏季衣服，和波利尼西亚人一样。海岸边的原住民和全世界每个地方的人一样，利用他们敏锐的观察力，发现土地上的树木有许多用处。他们用云杉的根做篮子，用雪松做图腾柱，用美洲绿桧木的枝条来熏鲑鱼，用云杉的树胶来覆盖伤口。这就是鲑鱼－森林人。

华盛顿·欧文于一八三六年描写（才接触不久的）沿海萨利什人，他记载道："在他们的想法中，有一位仁慈而万能的神灵，是万物的创造者。他们随心所欲地把它描述成各种形态，但一般而言，它是一只巨大的鸟。"当这只鸟生气时，闪电发自它的眼睛，雷则是它在拍打翅膀。他们也谈到第二位神灵，它代表火，最令他们感到害怕。

这只"大鸟"就是渡鸦。渡鸦是一种会飞的丛林狼，是个骗子、变形者。渡鸦存在于海达族小说作者兼艺术家比尔·里德，以及诗人兼译者罗伯特·布林赫斯特的作品里，"在万物出现之前，在洪水淹没大地又退却之前，在动物于地上走路、树木覆盖土地、小鸟在树丛中飞翔之前"，渡鸦偷走了光，交给天空。它从河狸那里偷走鲑鱼，交给通向海洋的河流。而在大洪水退走之后，它发现，一枚躺在沙滩上的巨蚌中，装着一大群小小的、有两条腿、没羽毛也没鸟喙的动物。它用低沉的声音吼他们，而他们匆匆忙忙地跑出蚌壳，傻傻地看着还不太习惯的太阳。他们就是最早的人类。

古巴比伦有一则关于渡鸦和洪水的故事。巴比伦人乌特纳比西丁在大洪水来袭时，建造了一艘方舟。他想知道水是否已经退去，于是派鸽子去寻找陆地。鸽子找不到地方降落，就回到了方舟。过了一阵子之后，乌特纳比西丁派燕子出去。燕子也找不到土地就回来了。然后，乌特纳比西丁拿出一只渡鸦放它走。渡鸦飞走了，没有再回来。

现在我们知道为什么了。渡鸦降落在太平洋西北部的一处海滩上，并且忙着哄从蚌壳里跑出来的第一群人类。西海岸的第一群人来自海上。

// 种子的周围环境

当雪开始融化时，我们种子下面的土壤变得暖和，生命在里面蠢蠢欲动。在这种情况下，它有了伴侣：第一批开花植物也开始迁入。双色羽扇豆开始往斜坡上长，更接近之前的火场。因为种子的落点不像高处地区烧得那么彻底，所以周遭的土壤也就不会那么缺乏氮，而羽扇豆在缺乏氮的土壤里长得很旺。那里还有更多的柳兰，同样是三米高的植物，分布于更北边，首先在冰河撤退后所留下来的沙砾地定居：它喜欢火和冰。羽扇豆和柳兰在大火烧过的山谷里长得很茂盛，但在碎石滩这里，有一种较小而较少见的宽叶柳兰则长得很好。它的高度只有三十厘米，但其粉红四瓣花的色泽比高大的同类更深浓。

缪尔于一八八八年走过俄勒冈一处花旗松林下的空地，写到他"踏入了一座迷人的野生花园，充满了百合、兰花、石楠草和玫瑰等，色彩鲜艳而且花团锦簇，而人工花园不论被多么细心照顾，都显得可怜而愚蠢”。我们可以合理假设，上面所提及的野花，有一部分早在一三〇〇年就带头长在我们那颗种子的周围。所提到的百合可能是哥伦比亚百合，俗称老虎百合，在这一带随处可见，潮湿的森林里和开阔的草原上都有。虽然要到六月之后，才能看到令人熟悉的带着红褐色斑点的橘色花瓣，不过其无茎的幼苗在四月下旬就开始穿出土壤。费城百合也是红褐色斑点的橘色花，在这区域里也有很多。

缪尔所看到的兰花是搔首弄姿的模特儿。兰花是植物中最大的花卉家族，全世界有三万多种。许多是腐生植物，这是极为原始的兰花，主要靠吸收腐败植物的养分，因而不需要叶绿素。毫无疑问，缪尔所看到的兰花是布袋兰，又名鹿头兰，在巨树常年遮阴之下的苔藓林地上非常多。布袋兰引诱蜜蜂进入，停在其粉红花朵大而噘起的唇瓣下部，一进到这里，唇瓣上部就闭起来，把蜜蜂困在里头；当蜜蜂挣扎着想要脱困时，会猛然撞击蕊柱，拾起一撮花粉，当它脱困后，也许会将花粉送进另一朵花。

缪尔似乎发明了“石楠草”这个名词，但石楠植物包括蓝莓、野荞麦和熊果等常见植物。熊果是一种常绿灌木，欧洲商人和捕兽者又称之为“基尼基尼克”，并把这个词语带到了西方，这是奥吉布瓦语“混合”的意思，因为其叶子干燥后和烟草混合，可以在长途旅行中让粮食放久一些。其果实也可以经干燥后捣碎，混着鲑鱼油去炸，因此，基尼基尼克这个名字，对住在海边的萨利什人来说，可能有点道理。缪尔所描述的另一种石楠植物：锦绦花，有着"极为纤细蔓延的枝条和鳞状叶"，是一种小型植物，于七月"在冰川湖、草原和整个湿沼附近，铺展出一条又一条摇曳生姿的可爱花朵带"。而缪尔所说的玫瑰可能是一大群植物的总称，从真正的玫瑰到弗吉尼亚草莓、印第安李，或称拟樱桃，还有壮观的假升麻，这些都是蔷薇科植物，全都可以在凉爽、高海拔的花旗松林地里被发现。

这些开花植物不会伤害花旗松的种子。虽然当这棵树长到幼树的高度时，它将不需要也不能容忍遮阴，但作为一颗种子，它需要保护，以免被太阳灼伤。和所有其他种类的树的种子一样，它已经包含了长成一棵树所需的各种东西。它在脱离球果前受精。它已经度过了冬季的休眠阶段。它是满盛希望的容器，带着执行生命新陈代谢程序所需的所有累积的基因信息。要在一处落地生根，它必须从该处吸取生存所需的其他东西：来自空气中的二氧化碳、来自土壤的水分和其他元素，以及来自太阳的光线。

它躺在土壤上，像把上膛的手枪。胚根、胚轴和五到七片子叶，包在胚乳里头，以坚硬的外壳，或称种皮，做保护。它有一整间屋子的食品储存在胚乳和子叶里，它们以碳水化合物的形态，伴随着它度过发芽后的前几天，提供成长所需的养分，直到其成为幼苗开始进行光合作用。

当春天来到山谷时，两只渡鸦在一株完美无瑕的花旗松上落脚，它们所在的位置比种子还要高，它们经常要飞下来到小河边喝水。渡鸦具有无穷的吸引力。它们是鸦科中的体形最大者，这个群体包括乌鸦、松鸦和鹊，渡鸦的双翅展开超过一米，这使得它们比许多鹰类还大。它们什么都吃，包括冬天里的树芽，但它们还是更喜欢吃肉。它们会抢夺其他鸟鸟巢里的蛋和雏鸟，尤其是在滨鸟群聚之处。它们会抓一两只走错地方的鹿鼠。它们花很多时间在海边或河边闲晃，只要是活的都抓，无一幸免。它们整个秋季都加入鲑鱼潮，把挡在前面的白头海雕挤开，并以它们的喙部翻动石头找鱼卵吃，鱼卵里头包含着能量和营养。它们用树枝做成杂乱的鸟巢，建在悬崖边或最高的树上，而花旗松实在也是够高的了，但它们用威胁的眼睛盯着地上，寻找食物。它们沙哑而低沉的叫声是各种歌剧剧目的一部分，变化多端令人惊喜，包括低鸣、哀嚎和旋律优美的咯咯声，比如，这个鸟类中的路易斯·阿姆斯特朗突然唱出像宾·克罗斯比那样的歌声。

它们的声音绝对是最大的，但毕竟不是山谷里唯一的声音。渡鸦是交响乐团里的铜管组，更细腻的音符则由斯温氏夜鸫、孤绿鹃、黄莺和其他在春季回来的候鸟演绎。这里的黄莺是阿拉斯加变种，是声音高亢的北方亚种的一员，在飞往阿留申群岛和阿拉斯加狭地的途中路经此地。它们吃东西时像个紧张的观光客，避开开阔空间和大树，而在河床旁和火灾后新绿处周围的低矮阔叶灌木林中觅食。它们匆匆地在枝丫间移动，跳过来跳过去，以神奇的速度啄食大小蜘蛛，它们的鲜黄羽毛在阳光中闪闪发亮。

　　一只黑白双色的北美黑啄木鸟看起来令人吃惊，宛如一块正在飞行的化石，也许是始祖鸟化石，羽毛又神奇地长出来了。它展示出对木蚁的无限专注，但这并不妨碍它吃树皮甲虫，在东方，这一类昆虫是致命的荷兰榆树病的媒虫。在此地，它们被不吉利地命名为花旗松甲虫，它们是一种背部黑亮的小甲虫，特别喜欢曾经被火轻微伤害过的健康花旗松。母虫于春季钻透树皮，进到树的形成层，吃出一条可能长达半米的产卵通道，并把卵产在里头；几周后卵就会孵化，白色幼虫一路津津有味地吃着，一条新的进食通道形成，直到它们在秋季钻出来，成为成虫。北美黑啄木鸟以爪子抓住树皮并用尾巴把自己撑住，头转到一边，好像在倾听进食的声音。与此同时，它还时时留意冷杉扁头吉丁，其母虫并不挖树，但会把卵产在树皮的裂缝中，而北美黑啄木鸟很容易就可以看到它们古铜黑色的甲虫状身体在太阳下闪闪发亮。

// 植物学的诞生

古希腊人怀疑，树有很多部分是无法用肉眼看到的，其中一位古希腊人，他的观察记录一直保持至今，他就是被卡罗勒斯·林奈尊为植物学之父的特奥夫拉斯图斯。公元前三七二年，特奥夫拉斯图斯生于莱斯沃斯岛今日的中心城市米蒂利尼。特奥夫拉斯图斯年轻时就被送到雅典向柏拉图学习。亚里士多德死后，特奥夫拉斯图斯不只继承了他创立的学园和其广大的（而且是第一座）植物园，还继承了亚里士多德的私人图书馆，据说是当时希腊最大的图书馆。特奥夫拉斯图斯的二百二十七篇植物学论文和《植物史》及《植物本原》两部著作中的许多内容，几乎可以确定是摘自亚里士多德本人对植物之功能、生理特征和意义的观察。

特奥夫拉斯图斯把这些观察加以改善并扩充。他很少会放心地接受，而是会仔细检查他所接触到的任何信息，不论信息是来自最基层的切根人（供应药用植物给雅典药师的根部采集者），或是来

北美黑啄木鸟

自大师本人。例如，亚里士多德推测，树被毁坏之后还可以继续活着，因为它们含有某种存在于树木各个部分的"生命原"，而且由于这种普遍的生命力，它们永远是"一部分死亡，一部分新生"。但对亚里士多德而言，树主要是哲学上的概念，他谈的不是某一棵特定的树，而是在柏拉图洞穴墙上晃动的"理想树"的影子。亚里士多德并不是现在所谓的田野科学家。

特奥夫拉斯图斯则是。他走到外面去看树。他把树挖起来检查它们的根。他解剖种子和果实。他把它们分门别类，分成乔木、灌木和草本植物，并谈道，有些树长在山区（他提到冷杉、野松、云杉、冬青、黄杨、胡桃和栗树），有些树则喜欢长在低洼地和平原：榆树、白蜡树、枫树、柳树、桤木和杨树。他相信松树和杉树在南面向阳的坡地能长得很茂盛，硬木树则在山的遮蔽面长得比较好。他看到长在凉爽地区的落叶树，其树干笔直无分叉，而在充分日照下的树偏向于分成两三枝树干，于基部相连接。

虽然特奥夫拉斯图斯因为看到树受伤后的自我修复能力，甚或可以离地生存的能力，而接受了亚里士多德的生命力观点，但他还是去研究了这种力量是如何传送到树的各个部位的。他认识到根是"树木吸收养分的部位"，茎则是导管，把养分传送到叶子。他想不出来叶子有何用处，并且怀疑树叶是否是真正的器官或只是附属物，但他描述了数百种叶子，以其形态区分出不同物种，或是把乍看不一样的植物归并为同种。他将物种分成具有两部分名称的类别——那就是，使用双姓。他写到种子发芽和幼苗发育的部分，正确判别出种皮里的胚根先长，然后才是根。特奥夫拉斯图斯是真正的田野观察科学家，而他在植物学上的权威，一直延伸至中世纪，甚至更久。与此同时，我们的那棵树正要开始它的生命，我们今天对植物形态学的了解仍然和特奥夫拉斯图斯差不多，可能更少。

第二位伟大的希腊植物学家是迪奥斯科里季斯。他大约于基督时代生于地中海沿岸的奇里乞亚，为罗马军医。大约公元五十年，也许是在埃及，他进入过现在已经消失了的亚历山大图书馆。他的唯一著作《药物论》探讨了六百多种植物的药学特性，该书似乎是作为医师甚至一般市民的指南，而不像特奥夫拉斯图斯那样的学术著作。迪奥斯科里季斯在告诉大家植物药的制备及最有效的应用方式时，对植物为什么会有疗效并不怎么有兴趣。

许多经迪奥斯科里季斯研究过的草药仍被沿用至今，包括：杏仁油、芦荟、颠茄、炉甘石、姜、刺柏、墨角兰和罂粟等。他也描述提炼自动物和矿物的药。据说迪奥斯科里季斯的著作，一直到十七世纪都是关于草药的最权威的著作，即使是北欧的医生，虽然他们附近很少有书中记载的植物，却也都参考此书。《药物论》在药界之地位，一如《圣经》之于宗教界。该书的各种拉丁文译本，一直是主要的参考书。一三〇〇年，意大利自然史学家彼得罗·达巴诺在巴黎讲授迪奥斯科里季斯，后来又回到帕多瓦，热情地拥戴迪奥斯科里季斯所坚持的理念：寻求所有自然现象的自然原因——事实上他热情到被控诉为异端邪说，因为他质疑基督诞生的神迹，然而他在审判前就过世了。他的命运不只显示出科学和宗教间的分歧愈演愈烈，还显示出，在看似不相关的领域里，只是单纯研究植物所具有的深远意义。达巴诺死于一三一五年，在他死后，他的著作受到谴责，他的尸体则被挖出焚毁。

在野花新叶的遮蔽下，这颗种子开启了炼金术程序，吸收空气中的基本元素、阳光和水，并把它们转化成生命。它的启动过程，只需要一点点温度和湿度，这在太平洋西北部皮吉特海湾地区的向南坡地上，就意味着春天。

第二章

⁞⁞⁞⁞⁞ 生根

树，虽然喜欢交际，却也相当个人主义，因此，在其一生中，当碰到生死攸关的抉择时，它终究将不假思索地选择对自己生存有利，或对其子孙生存有利的方向。

我是风之声

浪之音和树之语

我信念坚定满怀热望

我有力量成为……

查尔斯·罗伯茨《原住民》

我们那颗种子落脚的向南坡地高处，水分、温度和氧气都很充裕。种子四周是忙碌的生活。从林地里钻出来的昆虫，宛若被阳光照亮的灰尘粒子，在一束束穿过天篷般树冠的日光中，快速地闪着。空气中充满了它们的振翅声。欧洲蕨像某种神话里的蛇，开始张开卷曲的头，伸展成庞大的叶子。一些全盘花开始冒芽，它们会长到三四米高，它们长长的枝条则已经悬满香甜多汁的奶油色花朵。花旗松林里的生命不仅丰富，还很壮观。

　　现在，我们的种子已经完全醒来，其体液开始流动，引擎发出低吼声。胚根在外种皮里蠢蠢欲动。植物最先长出来的部分，穿过种皮的一个小开口，或称珠孔。它戴着根冠，这是一顶宽松的细胞硬帽，当根部向下穿入粗糙的土壤时，保护其脆弱的根尖不受伤害。

根的生长方式是在根冠后面进行细胞分裂以增加自己的数量，根里面的细胞也会分化成特殊形态的组织。其中央或核心，含有木质部，这种组织由众多相互连接、细长而中空的细胞，即管胞构成。每个管胞的两端皆被封住，像个小胶囊，具有支撑和运送水分的功能，水分从根壁或内皮层进入木质部。水分经由管胞壁上的纹孔渗出，然后传给上面的一个管胞，如此辗转相传到植物的其余部分。

我们尚未完全了解水分在树里面的传输机制。一棵长成的大树，管胞柱可以从根部延伸到树顶，把水分升高到离地一百米以上。在细管子里，水分可以被表面张力拉上来，这称为毛细管作用，但这个过程只能让水分上升数毫米而已。渗透作用是指水分从较稀的盐溶液移向较浓的盐溶液的现象，它解释了水分从土壤进入根细胞的原因，但水分如何从根部被拉到叶子或针叶上依然是个谜。当前最流行的假说是，叶子上的蒸发作用在其后面产生了一个真空部位，而这个真空部位通过木质部把水吸上来。可能还有水泵机制，主动推拉水分子。当一处木质部被刺穿（例如被穿孔虫刺穿），空气就跑进去了，而这一处木质部此后将停止运送水分。

第二种组织是韧皮部。韧皮部很像木质部，但由筛胞构成，筛胞也是沿着根系端端相连。筛胞和木质部的管胞具有类似的功能，但其内部的液体可以双向流动，把储存在子叶里（以及后来从叶子或针叶中制造出来）的养分，下传到根部。管胞和筛胞是摩天大树里上上下下的升降梯。

// 秘密生活

我们的树已经开启了它的秘密生活。至少，对我们而言是神秘的，因为经过几千年的研究，我们对树还是有很多不了解的地方。有些是实质性的问题——譬如说，它产生多少种不同的激素？但还有一些非实质性的疑问。树是一个独立的个体吗？抑或要透过与其他动植物个体的结合，才能实现其真正本质？科学家猜测，二者皆有可能。

树是群体生物，有时候，甚至达到共产主义的程度：它们以一大群的方式一起生长，好像是为了舒适或保护。它们和附近其他的树建立关系，包括异花授粉的性关系，甚至还会和同种及不同种的树沟通；它们为整体利益而运作，其方式有时令人啧啧称奇；它们会像人类为了食物而种豆子一样，与其他的物种形成共生关系——即使其他物种和它们的关系相当疏远，属于不同目。

"树是社会生物，"英国文学家约翰·福尔斯在《树》一书中写道，"更甚于我们人类，相较之下，孤立无援的水手或隐士更像个与世隔绝的怪胎。"要了解一棵树，我们就必须了解整座森林。

但有些树是孤立无援的水手。一八六五年，当马克·吐温于约塞米蒂国家公园东边，加利福尼亚州的莫诺湖里，驾着独木舟划向湖中央的火山岛时，他发现一处景观，被一再喷出的火山完全毁灭。"除了灰烬和浮石之外空无一物，"他写道，"我们每一步都陷到膝部。"他从未见过比这更荒芜、更没有生命的地形。岛中央是"一处浅而广阔的盆地，上面铺着一层灰，还有东一堆、西一堆的细沙"。然而，活火山还有蒸汽喷出，在那附近，他发现了"岛上的唯一一棵树，一棵小松树，有着最优美的树型，完全对称"。实际上，该树因为靠近火山而获利，"因为蒸汽不断地飘过枝条，使其常保湿润"。有关生命的坚持和生命的自食其力，再也没有比凶险盆地里的那棵孤松更具说服力的了。

树，虽然喜欢交际，却也相当个人主义，因此，在其一生中，当碰到生死攸关的抉择时，它终究将不假思索地选择对自己生存有利，或对其子孙生存有利的方向。在面对生存问题时，树是个封闭系统。由于一开始就很幸运，降落在有利生长的环境里，每棵树都已经或能够为自己取得向简单而特定的目标迈进所需的所有东西，其目标就是活得更长，也够健康，足以产生后代，把其部分遗传物质携向未来。森林并不只是一堆树而已，它是许多生物的社区。但里面的每个个体能够以福尔斯所谓的"个体有别于群众"的方式突显自己。从花旗松的角度而言，群众就是被火处理掉的那些植物。

树是群落的一部分，但树本身也是个群落，包含不同部分——根、茎、枝、针叶、球果、内面树芯和外层树皮。树之所以能自给自足，乃是靠着一套长期发展出来的网络，把各个成员联结起来，其间的联系则或疏或密。它不仅要把水从地上运到叶子，把养分从叶子运到根部，而且其他的化合物也要有效移动，甚至还要比水及养分的移动更有效率。

例如，一株成熟的花旗松要花三十六个小时，才能把水分从根部送到树冠；驱赶入侵昆虫或治疗折损枝干的化合物则必须更迅速地就位。人体的各个部位有许多系统负责信息的沟通和传递：中枢神经系统、交感神经系统、淋巴系统和免疫系统。树比人类更早出现，事实上，远比哺乳动物更早。地球上，植物的种类比哺乳动物的种类还多。其实，兰花的种类几乎就和哺乳动物的种类一样多。而且，树还演化出一套属于它们自己的复杂系统，以管理生长、维护、修复和防护等功能。特奥夫拉斯图斯猜测树的脉管里流着"生命原"，这并没有错得很离谱；而英国植物学家尼赫迈亚·格鲁于一六八二年在《植物解剖学》中写道，花粉"落在种子箱，即子宫上，以多产的精力和生命气味碰触之"，这也不离谱。这两位作者都试着表达出他们感受到的能使一棵树产生的神秘内在生命力，但直到最近，我们才真正开启了一扇窗，得以一窥这股力量。

在树的神秘系统中，第一种被科学证实的"生命气味"就是生长素，即植物生长激素，它刺激细胞分裂、增大和分化。伟大的德国植物生理学家及理论家尤利乌斯·冯·萨克斯最先证明了植物种子以淀粉形式储存养分，而淀粉正是第一种可检测到的光合作用产物，而且在根的形成中，细胞增大比细胞分裂更重要。他在一八六五年指出，负责形成花和种子的"特定的器官形成物质"，乃是在叶子中产生的。虽然他无法成功地分离出，甚至找到这些物质，但他的影响非常大，以至于让整整一代的植物科学家去寻找这些物质，最后终于证实了他的预测。

二十世纪二十年代，一群由荷兰植物学家弗里德里希·文特领导的荷兰乌得勒支大学的研究人员终于有了发现。乌得勒支学派一开始想要了解的是植物的向性概念——植物为什么会对各种外界影响产生反应，例如光（向光性）、水（向水性）和重力（向地性）。他们感到很奇怪，为什么植物的根从种子长出时，即使种子在地上是上下颠倒的，根却总是往下长？传统的理论认为根有向地性——其重量把自己往下拉。但如果是这样，那么，他们继续思考，是什么因素造成根不再往下长，而开始水平生长？虽然大多数的树，包括花旗松，中央有个胡萝卜似的主根，但百分之九十以上的树根系是在地表四分之一米的范围内水平伸展。而且，如果植物具有向地性，那么，是什么因素推着植物的茎部抵抗重力，一直往上长？

乌得勒支学派发现，植物的器官，特别是叶和芽，会产生激素——生长素——它们在韧皮部里随着养分从茎部往下移动，集中到需要细胞快速生长的区域。在像我们这样的幼树中，这些地方就在根冠后及胚芽中，它们在种苗中开始显现出生命迹象。

生长素会从种荚往下移动到根芯，也会进入幼胚干，但它们并不会平均分布于各部位的细胞间。相反，因为它们是大分子，受到重力影响，所以集中于下半部，就好比沙混着水，在水平的管子中移动。接着，生长素的三项特性开始发挥作用。首先，适当浓度的生长素会刺激细胞分裂和生长，但浓度太高会抑制生长；其次，根部生长所需的生长素浓度远低于茎部所需的浓度；最后，阳光会降低生长素促进细胞分裂的能力。这三项特性合在一起，解释了为什么根总是往下长，茎却向上长。集中在根的下半部的生长素，其浓度高到足以抑制对生长素敏感的细胞的分裂，因此，生长素含量较少的上半部就长得比下半部还快，于是根就会向下弯。同时，累积在树苗胚芽底部的生长素会刺激生长，但落在胚芽上半部的阳光会抑制生长，所以胚芽就向上抽。结果，种苗的根往下长，茎则朝向阳光上长。随着种苗的伸展，生长素的分布就变得更为平均，所以茎就变得笔直了。

植物激素有许多种形式。一种是吲哚乙酸，果农用它来喷洒果树，促进均匀生长。乙烯是另一种激素，被用来加速果实成熟。而合成除草剂 2,4-D 是另一种生长素，会杀死某些阔叶植物而保留其他植物。类似的生长素 2,4,5-T 则含有二噁英，这种化合物会导致人类流产、畸形儿和器官病变。2,4-D 和 2,4,5-T 混合后的物质被称为橙剂。

数个世纪以来，自然哲学家一直在苦思生物和无生命物体之间的差异。生命和非生命之间有什么区别？我们都已经知道，生命是由无生命的分子凝聚而成。生机论者相信，生物体中有某种生命力，某种实体物质让无生命的东西具有生命，而死亡时这些物质就跑走了。他们称活生物的重量，杀死生物，然后再称，企图证明生命力是一种物质，可以被查明。事实上，空气经常被联想成活力，因为没有空气就没有生命。英文中还存在这样的感觉：inspire 是吸气，但也有鼓励创造的意思；expire 则兼有呼气和死亡的意思。

早期的化学家认为，生命的基础是蛋白质、核酸、脂质和碳水化合物的分子——都含有碳。他们假设只有生物才能制造这些复杂的碳基分子，这个假设一直到一八二八年才被德国化学家弗里德里希·韦勒推翻，他用铵和氰酸盐合成了尿素，一种存在于尿液里的有机化合物。几年之后，他的学生赫尔曼·科尔贝则制造出另一种有机化合物——乙酸。显然试管化学可以复制生命的化学反应过程。

当艾萨克·牛顿爵士（一六四三——一七二七）在光学和万有引力上的研究，引起物理学革命时，他把宇宙视为一个巨大的机械结构，一座大型时钟，科学家可以通过分析各个零件的方式来探索。他开创了新的科学方法论，称为还原论。根据这种方法的假设，对大自然一点一滴的研究成果，可以像拼图游戏一样，最后拼出全貌，解释宇宙的运作方式。还原论在取得及检验来自大自然的信息上，是个有力的工具。但是当科学家研究过生物的一部分后，他们发现部分本身也是由部分——分子——所组成，而分子又由原子组成，最后，原子由夸克组成，（到目前为止）夸克是所有物质无法再分割的结构。在夸克层次上，生命和非生命根本无法区别。这个最基础的结构并不能让我们了解发育、分化或意识的出现等复杂过程的全貌。现代生物学和医学继续采用还原论的假设进行运作，检验各种片段，他们相信最后可以将其拼凑起来，解释整体。

生命本身就是还原论的反证，它证明了整体大于个体的加总。还有，生命从非生命中的出现显示，如果物质的终极粒子里没有生命力或活力存在，那么生命必然是来自非生命各个部分的集体相互作用，一种产生呼吸、消化和繁殖这类突现特质的协同作用。

// 神奇的真菌

"我们现在要谈一谈，"大仲马于一八六九年在《美食词典》里写道，"美食家们心目中最神圣的食材，在说起它的名字时，他们都要轻触帽檐向它致意——它是 *Tuber cibarium*、*Lycoperdon gulosorum*，也就是松露。"

他接着谈道，要写松露史，免不了要涉及文明史。这就是他接下来所做的事。罗马人已经知道松露了，他说，但希腊人更早之前就开始吃从利比亚传入的松露了。似乎松露的热潮从未退过。当英国日记作家、《林木志》的作者约翰·伊夫林于一六四四年到法国旅游时，他在多菲内省那站的游记里写道："（在其他美食之中）一盘松露，令人回味无穷，这是某种地果，用训练过的猪去找，可以卖出极好的价钱。"

大仲马所说的 *Tuber cibarium* 其实是真正的美食家口中的松露，但他所谓的 *Lycoperdon gulosorum* 更有可能是芽状马勃，多节，常常被误认为松露，幼嫩时可食用。母猪挖出松露之后（只有母猪能接受这种训练），这种蘑菇状的东西不是与鹅肝混合，做成鹅肝派，就是以各种诱人的方法烹煮。松露不只是一种时尚，在欧洲，也已经成为法国文化优越性的象征。而且有人认为松露具有壮阳效果，直接和着生蚝吃。"时髦的好色男人，"一名十五世纪的意大利名流写道，"在做爱之前吃松露开胃。"事实证明，松露的确可以刺激性欲，至少对母猪有效；现在人们已经知道它们所含的雄性激素，即雄甾酮，是一般公猪的二倍，因此，当母猪用鼻子把松露挖出来时，它们大概觉得要翻云覆雨一番，而非饱餐一顿。

子实体具有强烈的雄性激素的味道，这是真菌繁殖策略的一部分。松露里塞满了孢子，当孢子做好准备被释放到空中时——这对长在地底下的生物而言是高难度的技巧——松露就释放出雄甾酮信息素，而森林里的熊、豪猪和老鼠等雌性动物，不必受到训练就会跑来，把松露挖出来吃掉，然后把孢子排泄出来，孢子有坚硬的外壳保护，能安然通过动物的肠胃，不被消化掉：释放完成。

到了十九世纪末，普鲁士国王要真菌学家哈奇想办法在国内种松露，以对抗自法国进口的野生松露。哈奇像古生物学家挖掘一堆错综复杂的骨头一样，仔细地挖掘地底下的真菌系统。他发现真菌的亲代并不只是长在土壤里，它们还把自己附身在附近大树的完整根系上——在本例中，主要是栎树。真菌和树根其实是互相长在一起，看起来几乎就像是单一的生物。哈奇称这种复合生命体为菌根，这个字的原文是真菌和根的意思。他仔细思考了这种特殊合作的性质。除了松露和其他食用菌之外，人类和真菌的关系一向是敌对的。我们将之和腐烂与疾病联系在一起，而事实上也是如此。除了像香港脚、酵母菌感染和头皮屑等由真菌所造成的小毛病之外，有的真菌还是三种肺炎和一种脑膜炎的元凶。而植物的许多病也是由真菌入侵造成的。我们的直觉认为，植物的根被真菌"感染"之后将会生病和死亡。但在菌根的安排方式下，双方互蒙其利。

十九世纪八十年代，法国科学家路易·亚历山大·芒然延续哈奇的研究，芒然的兴趣在于植物呼吸和根部发育。芒然观察到，某些真菌似乎和特定植物有特殊的亲和性。有些真菌只在树根上被发现，有些则似乎喜爱草本植物。几年后，另一名法国植物学家贝尔纳·诺埃尔在研究兰花的繁殖时，让菌根关系往前迈进了一大步，他断定，所有的兰花都靠真菌提供养分——换句话说，在地球上这个最古老的植物家族中，菌根关系是不可或缺的，因为如果没有真菌这个伙伴，兰花就会枯死。

现在人们相信，几乎所有的菌根关系，如果不是不可或缺，那么就是一种常态。不需要真菌伙伴的植物种类很少，有真菌伙伴的植物则长得更好。有化石证据显示，这种相互依赖的关系，在四亿年前就存在了，就在第一群入侵陆地的植物中。克里斯·马泽尔写道："事实上，陆地植物可能源自海洋真菌和能进行光合作用的藻类的共生体。"因为登上陆地的海洋植物没有自己的根，它们必须利用真菌来获得足够的水分和矿物质，才能在干燥的陆地上生存。而对真菌来讲，它们需要植物进行光合作用所产生的食物。

真菌大约有九万种，它们因为没有植物所拥有的叶绿体，所以无法自行制造食物。然而，它们还是需要糖这种形式的能量才能繁殖，于是菌根真菌就入侵活植物的根部，从寄主植物那里摄取糖分。事实上，它们所摄取的糖分非常多，足以扩展成巨大的面积。如果故事就是这样，那么真菌就是寄生生物，而树最后会死亡。但真菌以互惠原则换取利益，为了回报从树那里所拿到的糖分，它们庞大的菌丝网络为树木根系提供在矿物基质里根系吸收不到的水分和养分。

树定着在最初种子掉落及根所长出来的地方，其命运就固定在单一的落点上。此后，树就无法逃避掠食者和害虫，无法到其他地方寻找食物，也无法迁移到气候更温和的地方。其扩张的根系，必须找到水分和溶解的养分，同时还要支撑不断成长的树身，以抵抗风、雨和洪水。根的效率视它们穿入土壤的距离以及和地下物质接触的表面积而定。真菌菌丝所形成的垫子大幅提升了树所能探索到的土壤量。它吸收水分并传给树。菌丝还比树根更善于吸收土壤中的关键养分，诸如磷和氮，它们用这些养分和树换取糖分。它们会分泌酶，分解土壤中的氮，有时甚至还会杀死昆虫，吸收昆虫遗体中的微量元素，然后传给树。

　　真菌和兰花的关系是内生性的，这表示真菌实际上是侵入并长在兰花块茎的细胞里面。和真菌具有内生菌根关系的植物将近有三十万种，但真菌的种类只有一百三十种。真菌和树的关系是外生性的，因为名为菌丝体的菌丝复杂网络形成一张覆盖物，包在根的外头，就像一层纱似的，并且填补根部皮质细胞间的空隙而不穿入它们，形成所谓的哈蒂格网。诚如乔恩·卢奥马在《隐秘的森林》中所说的："真菌学者现在相信，菌根真菌能有效地让树根和土壤的接触区域增加一千倍以上。"而在这个区域里，菌丝的量极高。一公升来自菌根体的土壤中含有长达数千米的紧密分布的菌丝。只有大约两千种植物是外生菌根的，但与它们合作的真菌约有五千种。

　　菌根真菌提供极大的复原力给寄主树，使其能够面对干旱、洪水、高温、贫瘠土壤、低氧和其他可能的压力。研究显示，真菌甚至会保护树木免于被其他可能有害的真菌入侵，例如，当赤松接种了菌根真菌卷边网褶菌之后，卷边网褶菌会产生一种抗菌的毒菌素，让此树对镰刀菌根腐病的抵抗力增强一倍。真菌让供应其糖分的树保持健康、快乐，因而它能继续摄取糖分。

　　和花旗松发生外生菌根关系的真菌有两千种以上。一棵树上可

菌根真菌

能有许多种不同的真菌附着在根系的不同部位，尤其是在根伸展到不同类型的土壤中时。有些真菌只和特定的树种合作。例如，乳牛肝菌，是一种红棕色的菇，几乎只长在花旗松下面。这种菇可食，虽然在产季末期会变得有点黏黏的。紫蜡蘑也是花旗松下的一部分，虽然也见于松树或其他木本植物下面。

植物和真菌间，关系最罕见的可能是水晶兰和附着在其根上的牛肝菌。水晶兰是一种开花植物，生长在北美洲各处的湿润林地上，包括太平洋西北部——我们这株树附近就有好几棵，它们淡粉红色的茎和弯曲的头部，从林表落叶层探出，好像一只只苍白而伤心的虫子。因为它们本身没有叶绿素（成熟时转为黑色），所以便无法产生糖分给自己和菌根伙伴使用，然而牛肝菌还活着。原来是附着在水晶兰根上的真菌同时也附着在附近针叶树的根上，例如花旗松，牛肝菌从针叶树中吸出养分并直接传给水晶兰。没人知道水晶兰贡献出什么东西给牛肝菌或花旗松。它可能毫无贡献，果真如此的话，那么这是自然界鲜少见到的免费午餐。

// 来自肥沃的土壤

观念和树一样，需要有肥沃的土地生长，然后，成熟所需的时间，几乎与花旗松一样长。十三世纪上半叶期间，欧洲在神圣罗马帝国皇帝腓特烈二世的谕示下，开启了科学思想革命。在黑暗时代，古希腊的作品已经流失或被教会所禁，而罗马思想家对科学学习上的进展，贡献极微。在腓特烈二世的统治下，希腊文本又再度被发现，译成拉丁文，供愈来愈多的识字民众研读。这些作品包括亚里士多德、欧几里得、托勒密、阿基米德、狄奥克莱斯和伽林的作品。他们还研读并讨论阿拉伯的药学、天文学、光学和化学作品，主要是靠拉丁文翻译。在罗马教会的压制下，一千二百多年来，教会所允许的"科学"文本主要是拼拼凑凑的百科全书和药典，像迪奥斯科里季斯那本一样——列举了许多从未在地中海北部见过的药用植物。在十三世纪期间，自然科学突然爆发，成为流行思潮。

在腓特烈二世的统治之下，大阿尔伯图斯是广受尊崇的学者，当时，炼金术和占星术为可以合法研究的科学，他在宫廷中被尊为魔术师。他的著作《草木志》于一二五〇年出版（正好是腓特烈二世过世那年），是《植物志》的评注，而一般相信，《植物志》是特奥夫拉斯图斯对亚里士多德作品的汇编。大阿尔伯图斯的作品生动描述了希腊人不知道的本土植物，里面还有一些与原著作者看法不同的由他亲自观察得来的资料。他推崇好奇心和经验，认为这是科学研究的两大支柱。他解剖树木，宣称汁液是以特殊的管子从根部被运到叶子的——就像血管，他说，但没有脉搏。

当大阿尔伯图斯于一二八〇年去世时，腓特烈二世已经死了三十年，而爱德华一世是英格兰国王。在爱德华一世的统治下，英格兰最有成就的科学家是罗吉尔·培根，他大约生于一二一四年，并于一二四〇年拿到牛津大学硕士学位。毕业后，他成为方济各会的成员，有一段时间在巴黎教授亚里士多德的著作。

培根和大阿尔伯图斯一样，赞扬他所谓的"实验科学"的价值，即对自然现象的实质研究，而非仰赖抽象推理或接受他人的智慧。而且他和达巴诺一样，驳斥权威，因而和教会爆发冲突——晚年他被自己所在的方济各会监禁于巴黎，罪名是"可疑的奇技淫巧"和"危险邪说"，这些思想或许是来自他所敬仰的阿拉伯哲学家阿威罗伊斯，阿威罗伊斯在亚里士多德的基础上宣扬普遍理性的思想，但否认人的灵魂可以永生。但培根让欧洲又往前迈进一步，脱离黑暗时代，不再盲目信奉教条，不论是宗教上或科学上的教条。"因为作者发表了许多论述，"他坚称，"所以人们竟透过推理而非自己所建构的经验就相信他们。他们的推理完全是错的。"

就在我们这棵树首次尝试性地探入土壤的同时，科学界也开始以新方法来探究神秘的大自然。

// 从地下长出来

在夏季温暖的土壤里，这棵树的嫩根建立自己的外生菌根关系，茎则开始摇摇晃晃地向上长。种皮并未完全脱掉，戴在头上，就像一战时飞行员的头盔。植物的茎节刚开始出现，最后这里会长出针叶，但现在还要靠储存在胚乳和子叶里的淀粉提供能量。当储存的能量用尽时，胚乳很快消失，接着茎必须长出针叶，以维持对根部和真菌伙伴的食物供应。

茎的内部结构和根非常类似（木质部和韧皮部被包在表皮里

面），除了茎的外层不能渗透，而根的外层必须能够渗透之外。这种外层是树皮，尽管还只是生命初期的单薄、浅灰色、纤细的树皮。成熟的树基本上是死心材，外面包着十到十五年寿命的活边材，装在一层被称为形成层的活组织里。当新管胞在内树皮下形成时，老细胞就会死亡，而树的直径也会变大。可以想象一下蜡烛被热蜡愈滴愈厚的情形。对树而言，新一层的热蜡就是形成层，冷却的那层蜡就是心材，也就是早先生长的那几轮。如果我们在这棵树十米高时钉上一根钉子，那么当树完全长大时，这根钉子和地面之间的距离将还是一样的。树从顶端长高，而干身只会变粗。这时，树都是活体，包括所有的形成层、边材和树皮，除了死掉的心材之外。水分从根部经过木质部的管胞顺着茎向上移动，当第一片针叶长出来开始进行光合作用时，淀粉（浓缩的糖）会通过韧皮部的筛胞顺着茎往下移，在根部被储存和使用。

　　和所有的树一样，我们的小花旗松的木质部细胞是由细胞核和包围它的厚壁纤维素构成的，它们在茎部的轴心往上升，就像一把分开的塑料吸管。纤维素是一种多糖体，由单糖葡萄糖分子重复组合而成。纤维素在原生质体中形成时是软的，但碰到细胞壁之后就变硬了。这是已知的最丰富的有机聚合物。所有的植物都有纤维素，甚至连某些真菌的菌丝壁也有。纤维素也是天然纤维中最强韧的，比丝质、筋腱，甚或骨头更抗压，也更不易消化（草食性动物知道）。其强度一部分来自每个分子内部和平行分子间的氢键。事实上，纤维素是如此紧密地结合在一起，以至于如果没有植物生长激素来打破键结，那么新的纤维素分子也就无法依附在它们的内壁表面上，而树也就无法生长。

另一个组成细胞的成分是木质素，它是第二丰富的植物聚合物，可以提升细胞壁的韧性和强度。当植物第一次入侵这片土地，有些开始在同类植物之上生长时，它们的茎部细胞壁只由纤维素构成。当它们长得更高时，有许多会被风吹折或因自己的重量倒下来；而没被折断也没倒下来的，通过某种未知过程，得到了木质素，其在细胞壁里的作用相当于钢筋混凝土里钢筋发挥的作用。最后，只有具有木质素的植物才能存活产生后代。现在的木材约含百分之六十五的纤维素和百分之三十五的木质素。

木质素由三种芳香醇聚合而成——香豆醇、松柏醇和芥子醇，填满了细胞壁里尚未被其他物质占用的空间，甚至还会把水分子排开。因此，其形成了一种非常强的抗水网，把细胞壁所有的元素像水泥般黏结在固定位置，为木质部提供强度和硬度。它还为树提供防止真菌及细菌感染的重要屏障。当树被病菌入侵时，它会用一道木质素墙把受感染的区域隔开，让病菌无法扩散。木质素是非常顽强的，以至于在纸浆厂中，消除木质素的程序非常昂贵。分解制浆木材里的木质素所需的酸是这种工厂排放到环境中的主要污染物。

在我们这棵幼树的顶端附近，有五片子叶像绿色伞骨一样从茎部撑开。它们是这棵树最初的针叶。在顶端，它们与茎相连的地方，有个圆形突起，称为顶端分生组织，新芽由此生长。分生组织有一系列的小突起或节点，而每个节点将形成一组新叶。起初，节点紧密地挤在一起，但随着分生组织里的细胞渐渐分裂扩大，节点之间的距离也跟着拉开。某些节点上会出现侧芽或腋芽。这些芽最后会长成枝条，而每根枝条尖端，将各有其顶端分生组织。在栎树或枫树等硬木树中，每个叶节点上面都有腋芽，但在花旗松和其他软木树中，节点非常密，节间距离只有二毫米，所以只有一小部分的节点才会有芽出现。每个芽都是微小而紧密的小苗，由胚叶、节点和节间所组成，处于休眠状态，随时准备着接受来自根部食物的刺激而开始发育成枝条。

它的子叶由不规则的茎支撑，在顶端像扇子般张开，花旗松现在看起来宛如一株小棕榈树。但麻雀虽小，五脏俱全，其每个分生组织里的细胞都发狂般地分裂、扩大，而其种叶已经开始进行终生的光合作用。

现在，整棵树里有很多细胞，每个细胞各自执行其独特、被预先分配的任务。对植物和动物而言都一样，多细胞性提供了在单一的生物里发展多样性功能的机会。正如我们所看到的那样，多细胞生物基本上是一群更小生物的集合体。然而这种多样性表现出了生物学上的一个悖论。这是如何发生的？有丝分裂或细胞分裂的过程，确保所有子细胞的基因的组成完全相同。如果细胞和组织形态的发育和分化系在基因的控制之下，那么产生差异的机制是什么？

通过一系列精巧的实验，分子生物学已经证实，受精会把亲代的染色体结合成基因组，然后通过一次又一次的细胞分裂，忠实地复制基因组。受精卵的基因组可以被视为一套蓝图，指导各个细胞都依不同角色正常运作，而最终形成一个个体的过程。然而，一套DNA蓝图，对任何一个细胞而言，要完全解读是太庞大的。于是，当细胞进行分裂时，每个子细胞会接收分子讯号，依照指示只去读蓝图的某个特定片段——例如，根系产生的那一段。但告诉特定细胞去读什么的讯号又是什么呢？我们能操控这个讯号吗？最近有一项发现，哺乳动物的干细胞是"全能性的"，有能力分化成任何种类的细胞，当我们更了解那些细胞讯号时，这也许会促成肢体，甚至整个器官失去后的再生应用。

// 光照下的叶子

光合作用是一种过程，让地球上得以存在多元而丰富的生命。植物从太阳那里得到能量，从土壤中得到养分，虽然这些并非秘密——莱奥纳尔多·达·芬奇在其《手稿》中正确地写道，"太阳把精神和生命授予植物，而地球用水分滋养它们"——但了解这个过程是如何运作的，是相对近代的发展。一七七九年，荷兰植物生理学家扬·英根豪斯发表了他的不朽作品，标题为《植物实验，发现它们在日照下有净化普通空气的巨大力量，在遮阴处和夜间则会浸染空气》。他一直在追踪英国伟大的化学家和神学家约瑟夫·普里斯特利的实验，普里斯特利是许多宗教文章的作者，也是氧气的发现者。普里斯特利于一七六六年开始研究"易燃的空气"。到了一七七四年，他认定植物能够供应"脱燃素空气"，后来被定义为氧气，它能将一种因燃烧或腐败而不适合呼吸的气体还原，或是加以净化。

这些有关植物对人类生命重要性的早期认识，让英根豪斯非常着迷，于是他从荷兰迁到英国，以便更接近普里斯特利和那一群与他志同道合的实验化学家。他在自己的实验中，发现植物只有绿色的部分才会产生氧气净化空气，而且这些绿色部位所移除的碳，并非如先前大家所以为的来自土壤，而是来自空气。他了解到动物和植物间的互惠现象，一个吸入氧气、呼出二氧化碳，而另一个把空气中的二氧化碳除掉，重新添满氧气。他身为医师——在荷兰研制出疫苗以对抗天花，并于一七六八年亲自为奥地利王室做预防接种——以其所了解的关于植物功能的新知识来协助呼吸疾病患者，白天将他们置于充满绿色植物的房间，晚上当光合作用停止时，则以他自己所设计的设备来产生纯氧，取代植物。

针叶树的叶子就是这种设备。常绿针叶和落叶树的叶子虽然构造不同，却含有相同的成分而作用相近。它们的形状各不相同，因为环境造成它们对效率的要求不同。落叶树和常绿树的优势很难用一个普遍的通则去界定。两种树都存在于各种不同的环境中。但大致上来说，落叶树适应较低纬度地区季节性干旱的气候，或有着长而严寒的冬季的气候，每年秋天落叶，春天再长新叶，如此所消耗的能量少于让叶子度过长期的零下温度所消耗的能量。而针叶由于表面积小，水分蒸发比阔叶少，因此在阳光充足、干旱期长的环境里表现良好，一如地中海周围和北美洲的西部坡地的情况。

阳光太多会阻碍光合作用，而花旗松是林冠树种，这表示其上部枝条可照到非常多的阳光。其圆锥状的树形也确保每一层新枝条不会遮住下面的枝条。针叶也比阔叶更能抖落积雪，因此树枝折断的危险较小。而针叶所含的汁液较少，这表示它们更耐寒。一株成熟的花旗松也许会有六千五百万枚针叶，它们一直运作，但没有一枚针叶会照到过多的阳光。

一般树叶一季之后就掉落，针叶则不同，大多数都能在树上存活二到三年——有些常绿树，像是猴谜树，其针叶可以在树上活十五年；狐尾松的针叶则能活五十年——因此这些树有较长的时间来储存换新叶的能量，而且针叶会制造更多的能量。由于针叶常年保持在树上，即使在冬季的月份，在光照和温度都降到非常低的水平期间，针叶树依然可以不停地进行光合作用。在德国进行的一项研究，比较了落叶树山毛榉和针叶树挪威云杉所制造和储存的能量，研究发现山毛榉一年进行光合作用的天数是一百七十六天，而挪威云杉是二百六十天。即使云杉的叶子总表面积较小，云杉的生产力也比山毛榉高出百分之五十八。

花旗松的针叶是扁的，横剖面为矩形，由表皮构成，表皮里面可以发现光合作用细胞。落叶树的叶子和一些针叶树的针叶，包括花旗松，都含有两种细胞：附着于表皮里面的栅状叶肉细胞，以及松散分布的海绵状叶肉细胞。在花旗松上，位于针叶上表皮的栅状细胞保护海绵状细胞不会照到太多的阳光。针叶表皮上的洞，称为气孔（stomata），由两枚保卫细胞控制开合。希腊文 stoma 是喉咙的意思（英文 stomach "胃" 是误用）。一枚阔叶，例如榆叶或枫叶，有数百万个气孔，它们通常位于叶子的背面；某些栎树叶，每平方厘米的表面就有十万个气孔。花旗松针叶上的气孔较少，但也是位于背面。保卫细胞表现得像嘴唇，它们依据针叶里水分的多寡而膨胀、收缩，从而控制从气孔进来的二氧化碳量及扩散出去的氧气量和水蒸气量。

树可以把大量的水分升起并蒸发掉。亚马孙雨林里的一棵树每天能升起数百公升的水。雨林的行为就好像绿色海洋，蒸发水分向上"下雨"，宛如地心引力反转似的。接着，这些被蒸发的水汽以巨型蒸汽河的方式流遍整个大陆。水凝结后，变成雨水落下，再由树拉上来。水上上下下向西移动，平均要进行六次，才终于碰到安第斯山脉的实体障碍，变成地球上流域最大的河流，再流回大陆各地。同样，印度尼西亚有一亿一千四百万公顷的热带雨林（它是全世界第二大森林国家，仅次于巴西），是亚洲水文循环的关键部分。森林在全世界各地不断补充地球的淡水供应，并在气候及气象上扮演重要角色。

植物也是丰富的分子来源，数千年来人类已经学会了如何运用它们。一八一七年，两名法国化学家——巴黎药学院药物自然史的助理教授皮埃尔－约瑟夫·佩尔蒂埃，以及研究生约瑟夫·别奈梅·卡文图——正在研究生物碱和植物着色剂。他们除了发现了马钱子碱、奎宁和咖啡因之外，还确认了树叶里的绿色色素是一种化合物，他们将之命名为叶绿素，这个词来源于希腊文的"黄绿色"和"叶子"。虽然他们当时并不了解，但他们已经分离出了使光合作用成为可能的化合物。

叶绿素由五种元素组成：四种生命基本元素——碳、氧、氢和氮，加上第五种——镁，一种来自土壤的金属元素，几乎对所有生物来说都不可或缺。例如，人类一天要消耗二百毫克的镁（靠吃植物或草食性动物），以维持骨骼和血液的健康。让叶子和针叶显现绿色的物质是叶绿素里的镁。叶绿素分子吸收阳光中的红色和蓝色成分，但不吸收绿色成分。当光从植物反射出来时，我们看到的是未被吸收的绿色光。我们之所以活在绿色的世界里，是因为我们的土壤和植物含有镁。

唐纳德·卡尔罗斯·皮蒂在他的书《花满地球》中回忆，他在就读哈佛大学植物系时，是如何学习从长在哈佛古老建筑物外的常春藤叶子中萃取出叶绿素的。他和同学先把叶子煮过，然后置于酒精中，叶子就失去了颜色，酒精则变成绿色。接着他们用水稀释酒精并加入苯，溶液就分离了，黄色的酒精在底下，而浓稠、绿色的苯漂在上面，像一池绿藻。"你只要小心地把后者倒进试管，"皮蒂写道，"就可以得到叶绿素的萃取物，不透明、微微晃动、浓稠、有点黏、油油的，而且有味道，很腥，像割草机于雨后草地上除草后刮刀上的味道。"皮蒂做了光谱分析后，发现组成叶绿素分子的成分竟让他有种怪异的熟悉感。"身为一个植物学家的学徒，一个未来的自然学者，"他写道，"有件事让我心跳加速。这件事就是叶绿素和血红蛋白，我们血液的精华，竟然如此类似。"这不是异想天开的比较，而是踏实的科学类比。"这两个化学结构式的显著差异是：每个血红蛋白分子的轴心是一个铁原子，而叶绿素是一个镁原子。"就像叶绿素因为镁吸收了绿色以外的所有光谱，所以是绿色；血液之所以为红色，是因为铁吸收了红色以外的所有光谱。叶绿素是绿色的血。它被设计用来抓住光；而血是被用来抓住氧的。

　　海绵状细胞里有许多小小的封包，即叶绿体，而每个叶绿体里，还有一些更小的封包，称为叶绿体基粒。叶绿体由一层一层叶绿素和脂肪蛋白交替排列而成，悬浮在液体酶和盐溶液里。每个叶绿体就好像效率非常高的光伏电池一样，抓住太阳能，用太阳能把空气转化为食物。叶绿体可以抓住几乎无限的太阳光以取得所需的能量，把二氧化碳和水转化为糖。随着能量被绑在葡萄糖的键结中，糖分子可以被储存起来，以备未来随时可以合成这些高分子的建构基础：脂质、淀粉、蛋白质和核酸。

皮蒂问道："叶绿素这古老的绿色炼金术士是如何把地球上的废料转变成活组织的？"水从根部通过附在茎上的木质部进入针叶，并渗出到海绵状细胞之间。二氧化碳透过气孔被吸入针叶。当一个太阳光子打到叶绿体时，每个叶绿素分子会射出一个电子，这个能量把分子激化，然后分子以此激发态来执行化学反应。事实上，一系列的反应在瞬间发生，被射出的电子所释放的能量把水分解成原来的构成元素，氢和氧。二氧化碳也被分解成单独的元素。然后被释放出来的碳、氢和氧重新结合形成碳酸，随即变成甲酸——和蚂蚁蜇人时所分泌的化合物相同。甲酸又变成甲醛和过氧化氢，它们随即又被分解成水、氧气和葡萄糖。有些葡萄糖接着再转化成果糖，立即供树使用，其他的则被压缩成淀粉，传送到根部储存以备将来使用。氧气和水蒸气通过气孔以呼气和蒸发的方式排出。这个过程最后形成的其他产物还包括氨基酸（蛋白质的基本成分）和多种脂肪及维生素。

这种化学作用需要光，而所有的光皆来自太阳，虽然太阳离地球一亿五千万千米，但它以每秒二十一万五千万亿卡路里的惊人速度把能量传到地球。这些能量大部分未曾涉及光合作用——大都落在沙漠、山坡、极地冰山，或我们暴露的皮肤上。但这就足够了。只要有百分之一的能量被用于植物，就足以保持整个地球的生命力。

// 蝾螈烧得发亮

在我们这棵树以及附近的蕨类植物、羽扇豆和柳兰遮阴下的低矮处，一只西部红背无肺蝾螈于寻找虫子的途中，停下来侦察溪畔是否有掠食者或潜在的交配对象。这是在花旗松附近所发现的二十一种蝾螈中的一种，这只西部红背无肺蝾螈是一只长而光滑的黑色雌蝾螈，它的背上有一道像毛笔画出来的明显的赤铜色线条，直到尾部，腿部上端也有。它的腹部灰白，带着黑色和白色的斑点，当它在黑暗中等待时，它的肋骨一胀一缩像一个风箱。西部红背无肺蝾螈是一种无肺的两栖动物，这表示它不是用嘴来呼吸，而是直接用皮肤来吸收氧气。要达到这个目的，蝾螈已经演化出了一种多孔的表皮，以至于经常有脱水的危险，这也是为什么它们只在阴湿的小气候里才被找得到。它们的皮肤就像我们肺部的内里一样纤细而脆弱。

其他的北方无肺蝾螈，诸如乌斑攀螈和埃氏剑螈，更喜欢藏身于老熟林地表的腐木中心，那里有丰富的可食的跳虫，湿度也很稳定，即使在大火中亦然。但西部红背无肺螈较常被发现于空旷处和火烧过之处，通常是面西的碎石坡，在那里土壤中含有沙砾，日照较少，有一些低矮的叶子作为保护，而且有水。所有的蝾螈都是冷血动物，这表示它们的体温会随着四周物体的温度而改变——空气、石头和腐败物。比起其他种类的蝾螈，西部红背无肺螈喜欢稍微温暖一点的地方。

这种蝾螈的活动范围很小，只有两平方米，而它似乎也不担心保护地盘的问题——这一地区森林的蝾螈密度颇高，每公顷将近八百只，因此，严格的地盘保护策略将会消耗大量精力。大多数时候，它会避开腐木，在腐木中它可能会碰到其他蝾螈，而当它进到腐木中时，它会尽量待在靠近表面的地方，刚好在树皮下面，而不是深入腐木中心。它似乎喜欢剑蕨植物基部的洞穴。四月是它的交配期，六月它会把卵产在陆地上，而不是像水生蝾螈一样产在水中。它的小蝾螈将会从卵里出来，外表已经完全成形，像是它的缩小版。

全世界已知的蝾螈只有四十种，但它们分布很广。在我们这棵树的生长期间，蝾螈分布于欧洲、小亚细亚半岛和非洲是众所周知的。传说中甚至还有火蝾螈。根据亚里士多德的看法，火蝾螈不怕火，它们非常冷血，只要走过火，火就熄灭了，他的话在当时还很有权威性。一直到十七世纪都有故事说，有人在他们的火炉里，看到蝾螈平静地栖息于燃烧的木头上。世人还认为蝾螈有毒。亚历山大大帝描述他有四千人和两千匹马在喝了一只蝾螈掉在里面的溪水之后，全部立即死亡。蝾螈爬过的树，其果实就会有毒。这些迷信也许有些科学根据，因为某些蝾螈会分泌出一种薄薄的乳状物质，它是一种神经毒素，吞食会致命，这也是大多数掠食者都不去招惹它们的原因。有人认为用蝾螈制成的披风可以防火，于是就有便服做给炼金术士或想当魔术师的人，例如教皇就有一件。唉，其实是浪得虚名。迪奥斯科里季斯把数十只蝾螈丢进火里想看看会发生什么，结果它们被烧得脆脆的。显然，需要更为仔细的观察。马可·波罗从一二七五年起旅居中国十七年，在此期间寻找这种动物，却一无所获。"传说中以蛇的形态活在火中的蝾螈，"他在一二九五年回到威尼斯时，在报告中说道，"我在东方完全看不到任何踪迹。"

虽然他没有见过火蝾螈，但他的确报告了一种产品，在钦赤塔拉斯地区，有一种称为蝾螈布的东西，以"取自山上之物"制成，含有"类似羊毛的纤维。这东西在太阳下晒干后，在铜钵中被敲打，然后一直被洗到土粒脱落为止"。做出来的羊毛接着再被纺成线，织成布，放到火上烧一小时，直到变为白色。"并且烧不起来。"他认为这种从矿物中取出的物质可能是蝾螈皮的化石。我们知道这是石棉。"据说在罗马保存着一张用这种物质做的餐巾，是大汗送给教皇的礼物，作为包装耶稣基督圣手帕的材料。"

我们现在知道蝾螈的染色体细胞含有的染色体 DNA，是哺乳类动物（包括人类）的一百倍。没人知道这些多余的核苷酸有何作用，它们可能只是功能性 DNA 的复制品，即基因学者所谓的垃圾 DNA。但一般而言，诚如亚里士多德所观察到的那样，大自然里没有任何东西是多余的。蝾螈仍然是个谜。

风从海洋上升起来，吹动了我们这株幼树上方沿着河床而立的年轻阔叶树的叶子。我们这棵树在它之后的生命里，必须抵抗风，风会摇晃、打击树冠，造成断枝的威胁，削弱其抓土壤的力道，扇起树底部的地表火焰，并把种子高高地吹到山上。暴风是决定大型森林形态和构造的第二大力量，仅次于火。未来五百年间，将会出现风速超过每小时二百千米的暴风，把数百万公顷的花旗松林吹倒。但现在，风是有益的力量。

第三章

⠿⠿⠿ 成长

　　在春天，当温度升高到五摄氏度以上时，树冠部位分生组织的细胞会产生生长素，它们以每小时五到十厘米的速度往下散布到树干中，促进形成层的生长。

当最初不开花的蕨类林，

遮蔽了古老幽暗的潟湖时，

一阵模糊而无意识的长期骚动，

摇动着或金或绿的巨大蕨叶。

阿格尼丝·玛丽·弗朗西丝·鲁宾逊《达尔文主义》

火灾至今已过去了十六年。烧过之处不再是森林里的黑洞，而是一片鲜绿的植物，长得虽不及未烧到之处那么高，但显然已起死回生了。空气中的炭烧味早就消失了。有一年春季，雨量非常大，超过一千五百毫米，之后是干旱炎热的夏季，森林则长得非常茂盛。现在是初秋，看不见溪流从山脊流下，不过可以感觉到一道绿色光泽，流经林地中暗色的树干和盘绕的根部。森林依旧安静，但不像火灾后的死寂，而是蓄势待发的静。

　　北美乔柏和一些大叶槭、藤槭等，现在已经从火烧处长出，成为森林群落的一部分。沿着溪畔的一小段距离内，红桤木形成一道明显更黑亮的带子，蜿蜒穿过针叶林。成熟的四十年红桤木在空旷处可以长到二十四米，但就像现在遮住它们的花旗松一样，它们不耐阴，因此，在这座森林里活不久。在它们还没完全长高之前，较老的将会死亡，为林地留下一处暗色的空地，会显得有点单调。但现在，在地面上，它们平滑而接近白色的树干就好像昏暗矮树丛中的一束束柔和的光线。黑头威森莺、孤绿鹃以及冬季里的白腹灯草鹀，发现它们是昆虫、蜘蛛和种子的可靠来源。

它们之所以被称为红桤木，是因为它们的树皮内层有红色色素。每年都有一户沿海萨利什人家庭会爬上火灾旧址，在溪边扎营住一到两夜。他们称红桤木为"优沙威"。白天，他们把树皮削成三角形的长条，小心翼翼地避免绕住树干，也避免伤到活的形成层，然后把这些三角形紧紧地绕成卷，拔营时，就带回海边的村庄。他们会把树皮内层捣碎，以释放颜色，把它和鱼油混合，再用这个混合物来装饰他们的乔柏树皮衣服和狗毛毯子。

萨利什人前面临海，后面靠山，他们知道如何在这两个培育区之间取得平衡，安全地生活。他们不太关心上和下、天和地，但他们对海岸和森林是知之甚详且经验丰富的。

晚上，在红桤木的营地里，家庭领袖教授各种树的特性和名称。西部铁杉的树皮可以做成棕灰色的膏，人们用它来染渔网，让鲑鱼看不见。北美乔柏被他们用来做独木舟、长屋、工具和药品。大叶槭的大叶子很适合做成装莓果的篮子。用棉白杨的叶子做绷带很好，因为它们被捣碎后可以黏在皮肤上。花旗松很轻，但非常强壮，是一种燃料树，它的树皮特别好烧，虽然会爆出许多火花，而其绿色的枝，可以拿到蒸汗屋去烧，以净化人类的心灵和思想。这位家庭领袖还讲故事——例如"洪水树"，就是神圣的浆果鹃，其先人乘着独木舟在大洪水中漂流，直到发现这些树可以栖身而得救。所有的故事都把陆地和海洋联系在了一起，而人也一样。

// 树萌芽

我们这棵树高八米，有十六层枝条从其圆锥状的主干辐射出来，底下的八层已经掉落。其基部直径为三十五厘米。树枝顶端新芽条的颜色比成熟的针叶淡，树枝基部有新芽。

但低矮的树没有枝条，因为最有利于树的生长的地方才长得最大：上面的全日照处和地底下。

花旗松和美国黑松及黄松等其他的针叶树一样，只要土壤的深度允许，它就会长出深入土中的中央主根，以支撑其巨大的上部结构，最后长得高耸入云。常绿树还有一张侧根网系，它四处散开，形成了树赖以生存的平台。有些厚一点的侧根会隆起在地面上，就像海湾里潜在海中吃鲱鱼的灰鲸的背部。这些根暴露在阳光下的地方，会将叶绿素分布到树皮内层，产生局部的生长激素，帮助养分通过木质部往上传送。当侧根碰上相邻的花旗松的侧根时，两条根会结合在一起，有时是纵向的，有时成直角，形成一个单一的脉络单元，所以，每棵树都相互帮助，透过相连的韧皮部分享激素和淀粉。

美洲颤杨林采用一种不同的与根联结的方式。颤杨的树干事实上是从单一根系上长出来的。这是一种适应方式，可以让单一生物体利用不同的利基，从阳光充足而干燥的高地到低湿的谷底和河畔，因为透过根，位于贫瘠土壤的颤杨能够接受到来自位于肥沃土壤的颤杨的养分。这样的美洲颤杨聚落可以长到覆盖广大区域。犹他州有一丛颤杨林占地四十三公顷，总重约六千吨，将近是一棵大型巨杉的三倍，也是地球上最大的生物体之一。全世界最大的单一生物也许是在俄勒冈东北部蓝山中的针叶混合林里被发现的奥氏蜜环菌。它已经有八千五百岁了，覆盖面积将近十平方千米。

我们这棵树也通过与外生菌根真菌的合作关系，从其他树木的根部获得了好处。例如红桤木特别善于将空气中的氮去除，固定到土壤中——据记载，一年中每公顷红桤木可以固定高达三百千克的氮，足以供整座森林用二百年——然后氮被细菌分解，被真菌吸到其他树的根部，包括我们这棵树。作为回馈，红桧木根部淀粉的储量中有百分之十来自它们的邻居。通过种内和种间的联结，我们的树因为身为森林生态系统的一部分而获得好处，从而提高自己的存活概率。尽管红桧木非常有效率地将氮固定，陡坡和薄土壤上的豪雨还是会把大量的氮冲到河里，再流入海中。对所有的森林而言，限制生长的因素通常就是氮浓度。

四月初，树干和枝条上的分生组织中的细胞开始分裂，形成一层新的形成层，夹在外树皮和边材外部之间。这就是树的生长方式，在前一年的细胞层上面再添上新一层的活细胞。老细胞会死亡，成为心材的最外环，新的边材则接下大部分的运水工作。每一年，树的中心轴都会加上新的一轮。活树冠基部的轮比顶部的轮稍微厚一些，但树基部的轮更厚。结果，树干的外形一直保持圆锥状。树顶和最底层枝条部位所形成的圆锥角，比树冠和树基部所形成的圆锥角更尖锐。

在春天，当温度升高到五摄氏度以上时，树冠部位分生组织的细胞会产生生长素，它们以每小时五到十厘米的速度往下散布到树干中，促进形成层的生长。生长素会累积在前几年形成芽的地方，使细胞快速分裂，促进侧芽生长或腋芽生长，最后成为新的枝条。到了五月中旬，这些芽开始冒出来，或胀开。小针叶像浸在绿色颜料里的画笔，从端点长出。这些芽有些会发育成新枝条，但今年，有些会发育成球果，而产生花粉、让卵子受精，以及散播种子的周期长达十七个月，它现在已经开始了。

将来要长成球果的芽，主要位于树顶附近一年大的枝条上。有些靠近枝条基部的会变成雄球，或称花粉球，而其他接近枝条顶端的，会变成雌球，或称种子球。直到七月中旬，我们才能弄清楚哪些芽会发育成枝条，而哪些会发育成球果。在十周大之前，它们看起来都好像要长成枝条似的，但枝条、种子球和花粉球这三种芽的不同生长形态的区别，会渐渐显现出来。到了秋季，预计要长成枝条的芽，长出了螺旋排列的叶原基；未来的花粉球，长出了呈螺旋排列的结构，看似突生的叶子，最后会变成花粉囊；而种子球的芽发育成了螺旋排列的原基，以后再长成具有花旗松球果特征的鼠尾状的苞片。

现在是九月了，这三种类型的芽都进入了休眠状态。然而，细胞分裂却在它们的内部进行，并且整个冬季，某些生理活动将持续进行，只是速度降低。未来会成为球果的芽，其内部进行的冬季活动比成为枝条者多；而成为雌球者进行的活动又比雄球多。有些活动将由光合作用推动。只要温度维持在五或六摄氏度以上，这棵树就会持续进行光合作用，以补充冬季的淀粉供应。但大多数时候，它会休眠，靠着夏季储存在边材和树叶里的能量来过冬，并供应春天来临时第一波发芽的能量。此后，在我们这棵树的余生中，这个过程将每两年进行一次。

// 随风飘荡

虽然针叶树看起来宛如从地上冒出来的电线杆一般，笔直地生长，但其实，它是以盘绕的方式钻离地面，就像一枚导弹那样旋转升空。用数学来表达这种生长模式就是"动态螺旋"，这解释了树干和树枝呈圆锥状以及树冠呈箭头形的原因。在树皮底下，木材纹理以螺旋状向上生长。于是，树干的形状就反映出树的形状，因为这二者都是以对数增长方式生长的结果：每年新的生长，不仅增加树的周长，还增加树的高度。这种基底周长和整体长度同时增长的螺旋模式，在许多自然事物中一再出现：大多数软体动物的壳、独角鲸和象的扭绞状的牙、玫瑰花瓣沿着中心生长的重叠模式等。贯穿太阳系的螺旋星系和人类单倍体细胞中的双螺旋缠绕 DNA 都是明显的例子。在针叶树里，球果的螺旋结构也是明证。

虽然植物和动物的外部特征和传输系统可能完全不同，但植物的性和动物的性几乎没什么差异，植物和动物都会将来自双亲的基因物质结合起来以产生子代。在针叶树中，雌球带着胚珠，每个胚珠含有一颗卵子。当来自花粉球的雄性配子使之受精后，卵子就会变成种子，它包含着一棵萌芽期的树和养分供给。

松树的球果没有花瓣，而是以螺旋状的方式，围绕着中心轴长出鳞片，因此没有任何一片鳞片长在另一片的正上方，而且，整个球体可以用蜡和松脂封起来，春季时可以渗出水分，夏季干旱期时则可以保持水分，等到了秋季适当的时机则可以散播种子。雄球长在树枝基部，为花粉球。它们比雌球小，发育也比较慢，雄球在第一年大部分的时间及冬季，都一直被包在芽鳞片里，其细胞则悄悄地分裂为五个细胞的粒子，到了二月，会在花粉囊里开始成熟。一直要到春季，即将释出花粉之前，球果才会打开。它们是等待中的授粉员，和蜂巢中的雄蜂一样，显然要一直等待，直到受召为雌性服务为止，一旦任务完成，就会死亡。雄球由一个中心轴和许多鳞片组成，每一片鳞片的基部具有两个花粉囊。雄球大都长在低处的枝条上，而雌球长在高处，因此，到了四月雄球在释放出花粉时，才不太可能向同一株树上的雌球授粉。反而，花粉会被风吹到附近树上的雌球那儿。

雌球远比雄球复杂。它们从二月开始生长，中心轴拉长，芽鳞片也随之长大。这时，雌球呈水平方向长在树枝上，但因为球体底部所累积的生长激素较多，所以底部的生长速度也就比较快，因而在芽体爆开之前，球体会弯转向上，到了四月，则呈直立状。每个苞片的基部都有一枚鳞片，每个鳞片基部则有两个胚珠。中心轴上的胚珠的末端有一个小孔，称为珠孔，这里就是最后长出新根的地方。用不了多久，来自雄球的花粉粒就会穿入这个开口，展开授粉之旅。

在三月，花粉粒已经完全发育，雄球开始变大。当其中心轴拉长时，新的生长会把芽鳞片推开，到了四月芽体爆开时，花粉就会从封闭的囊体里被释放出来。空气中充满了花粉雨。这时，雌球在树枝上笔直站立，其苞片张开，宛如一把把打开的小伞，以完美的姿势接收被风吹过来的像粉尘似的花粉粒。

风媒传粉是一个不受控制且没法把握的过程，一般认为，这是植物界里相当原始的传粉方式，因为无法控制花粉将落于何处。相比之下，昆虫授粉则有比较好的授粉概率，因为花粉黏在昆虫上，而昆虫会去寻找同种植物的其他花朵。事实上，许多种植物演化出吸引特定昆虫的花，就是为了这个目的。但针叶树在会飞的昆虫出现之前，就已经发展出它们的授粉技术了。开花植物，即被子植物，却只有在白垩纪时期才演化出来，白垩纪大约结束于六千五百万年前，而在当时，裸子植物——针叶树、苏铁和银杏——已经至少存在了三亿年。

在二叠纪时期，树开始和蕨类有所区别，当时所能运用的花粉传播机制并不多。当时有水，但水在地上。当时有陆地动物，但它们也被局限在陆地上。树的生殖器官高挂空中，除了风之外，还有什么东西能够带着它们的花粉粒到处跑呢？繁殖兴盛的树种就是那些能够产生个个独立而又极为细小花粉粒的树，只要有一丝丝微风，花粉就能飘起来，大量散播，其中一部分花粉落到其他树的雌球上的概率，明显大于零。通常风媒植物所产生的花粉数量是个天文数字，它们在空中形成细雾，也为山中的湖面蒙上一层外衣。开花树，比如桦树和榛树，也是靠风。它们的每个花序能够产生高达五百万个花粉粒，而每棵树有数千个花序。这是一种霰弹枪式的传粉方法，但似乎还行得通。

这种方法当然比自花授粉好，也是一些后来的植物所采用的方法——例如大多数现代一年生的杂草。达尔文曾经指出"自然……厌恶长期自花授粉"。也许是因为他了解到，一如动物近亲繁殖的情形，长期自花授粉会使得物种弱化。厌恶自花授粉并不只是维多利亚时代的偏见而已，在大多数的人类文化里，也有近亲繁殖的禁忌，特别是针对兄弟姊妹间或是父母子女间的乱伦行为，有些地方禁止六代以内的表亲通婚，例如未与文明接触前的因纽特人文化。虽然许多社会道德规范缺乏科学上确切的解释或基础，但这个社会

红背䶄和冷杉球果

禁忌在遗传上有着正当的理由。

　　有性生殖所产生的生物体带着两组染色体，一组来自父亲，一组来自母亲，这样的生物体称为二倍体；而每一个带有一组染色体的精子和卵子称为单倍体。每个染色体携带了数百个基因，这些基因沿着染色体排列，像珠子一样连成一串。这些基因也会搭载于其他相对的（同源）染色体上。同源染色体上同一位置的基因，相互称为彼此的等位基因，二者也许相同，也许不同。例如，豌豆种子的颜色由一个基因的两种不同形式所控制，其中一种形式决定了黄色种子，另一种则为绿色。在任何一株豌豆上，这两个等位基因也许都是黄色或都是绿色，也有可能是一个黄色一个绿色。同一株植物同时带有黄色基因和绿色基因，其种子的颜色为黄色，因此，我们称黄色基因对绿色基因为显性，而绿色基因对黄色基因为隐性。人类和其他动物一样，如果个体所携带的等位基因都是隐性的，就会产生死亡、畸形或是其他缺陷性状。没有亲属关系的两个人所生的小孩，其染色体中决定任何一种性状的等位基因全为隐性的概率微乎其微。然而，双亲血缘愈近，这二人都带有同样隐性等位基因的概率就愈高，在高度近亲通婚的情况下，其概率会飙升——对一些基因遗传疾病来说，患病概率会从千分之一跳升为二十分之一。连续近亲繁殖，一代接着一代之后，会进一步提高概率，很快就会产生一个群组，在此群组之中遗传到隐性性状的概率，就跟那些生下来即没有这项隐性性状的概率一样高。如果某种特定的遗传变异造成个体对环境适应不良，则会导致绝种；如果个体更能适应新环境或是改变后的环境，则这项变异就是有利的，能把更大的竞争优势传给个体。但达尔文注意到长期的近亲繁殖，很少会带来适应上的优势。

以前一度有人以为特别适应某一环境的生物会取代其他的生物，最终会消灭所有存活率不高的基因——换言之，这些个体在基因上将会变得愈来愈类似，或是具有同质性。二十世纪六十年代，由于分子技术已臻成熟，基因学者们便开始检视生物个体中特定基因的产物，以果蝇为例，学者们预期它们大多数的基因具有同质性。但令他们惊讶的是，证明刚好相反，在检验特定基因时，他们发现了大量不同的等位基因形态。这种多样性现在被称为基因多态性，而且成为强健、适应性良好的物种的特有定义。当生物种群比如孟加拉虎或大熊猫的数量低于某个特定数字时，这个种群就不具有足够的基因多样性以确保物种的健康——最后，这个物种的所有成员都具有基因上的关系，于是，所有的繁殖都成了近亲繁殖。

大量个体集中于狭小区域的物种，比如岛屿或非常小的生态利基中的物种，要保持基因多态性，也许和我们的直觉相违：为什么要选择一大堆多样性，而不专注于既有环境下最佳的等位基因组合？如果环境状况永远不变，那么这也许行得通，但在地质时间轴上，变化才是常态。现在的太阳比生命刚出现时，温暖了将近百分之三十；山脉出现而又弭平；海洋满了又空；冰河时代来了又走。然而生命一直存在，而且还更加繁盛。基因多态性可以确保在特定的物种中始终存在一个异质基因库，它提供大量的组合方式，其中某些组合可能比其亲代更能适应变化中的环境。

多样性可以提供弹性和适应力。大自然似乎建立在一系列的嵌套差异上。在每个物种里，有个体基因多样性；在栖息地里，有许多不同的物种；在生态系统里，有许多不同的栖息地；整个地球则有各种不同的生态系统。就是这种多样性，让生命在生物圈中具有弹性。正如人类学家韦德·戴维斯指出的那样，就适者生存而言，还有另一个"圈"里的多样性是同等重要的：人类圈。从北极地区的因纽特人文化，到亚马孙盆地的卡亚波人文化、澳大利亚的原住民文化和卡拉哈里沙漠的桑人文化，数百个世代以来，全世界的人类文化都累积了可以使他们在各异其趣的环境中繁衍的所有知识。每一种知识的基础，都深植于对地方的了解，而这个地方，我们称之为家。把这些文化全都集合起来，它们所包含的知识，就形成了人类圈，它是人类想象世界的所有方式的集合，包括世界如何运作，以及我们属于世界的哪个部分。就如同生物圈中，生物多样性的所有水平，是生命永远存在于地球的关键一样；人类圈里的多样性，可以确保各种知识的分享得以延续，而这正是我们作为一个物种存在于惊人的多样性生态系统中的关键。

单一培养指的是，把单一物种或单一基因品系散布到广大的区域上，而排除其他的品系或物种，这是多样性的反义，会导致一个物种或一个生态系统容易受到变化的气候条件、掠食者、害虫或疾病的伤害——一如我们以极大的代价在农业、渔业及林业的经验中所学到的那样。只为了生长速度、大小和材质的考虑，去筛选个体，或在实验室里进行基因操作，而不考虑树种的周围环境以及经过演化与其相互关联的其他物种，这样是无法栽植成花旗松林的。生物学家威尔逊预测，在不久的将来会出现一种情形，所有可砍伐的树木皆被种植在"林场"，一如所有的食用鲑鱼皆来自养殖场，鸡来自养鸡场一样。结果丧失了基因多态性和物种多样性，这将会让地球上的整个基因结构，容易受到无法预测和无法控制的力量的伤害。二十世纪七十年代美国南方大量栽培的一个杂交谷物的商业品种，就几乎发生过这种灾难。一种变种真菌疾病在几个月内就把数十万公顷的作物一扫而空。

风媒方式也许原始，却还可以让基因多态性永续长存，而且相较于其他的远系繁殖方法，例如靠哺乳类或鸟类来传播，还有些优势。首先，森林里几乎总是有风。在高海拔地区，春季的气候经常是湿冷的，四月里的哺乳类和鸟类可能很少，但不太可能没有风。另一个优势是树不用耗费一大堆能量来让生殖器官吸引授粉的昆虫。长出开花植物那种大而绚丽的展示品是很昂贵的，而且还需要能量去维持。相比之下，球果是低维护成本的器官。它比花持久，因为它由更耐久的材料做成，而且不必不断地补充糖蜜以报答来访的昆虫。第三个优势是距离：有人发现风所挟带的花粉，离最近一棵可以产生这种花粉的树，相隔远达五千千米，比任何蜜蜂、蚊子或经过的动物所能携带的距离还要远。这种授粉方法可以增加基因多样性，也可以让最孤单的松树雌球有机会被授粉而产生种子。同时，它应该也可以用来警告那些主张能控制基因工程作物的倡导者。

花旗松花粉粒里所储备的食物比大多数其他的针叶树还多，由于比较大也比较重，所以传不远，但在以花旗松为主的森林里，它们不必传太远。研究人员计算了离最近的花旗松数千米远的地上的花粉粒数，发现平均每平方厘米有一百二十三粒；离最近的花旗松四分之三千米远处，这个数字上升到每平方厘米三百二十粒；而在花旗松下面，每平方厘米有八百粒。他们分析最有效的风媒传粉的距离，可以远达树高的十倍，对我们这棵树而言，其花粉落在距其一百米以内的树上最有效率。这个区域包括了火灾旧址里大部分的树，以及火灾边缘的几棵老树。

// 植物复兴

在中世纪末期，我们的树正要展开它第十五年的生命，此时，世界普遍对植物更加了解。在建筑上，木梁在大型建筑如大教堂中，取代了石拱，其木造中枢可以在没有支撑的教堂正厅里，建成高高的拱形穹顶。在服装方面，羊毛和皮革受到了由植物制成的材质的挑战，这种材质更轻便、更便宜，且更时髦。当哥伦布于一四九二年抵达西印度群岛时，泰诺人用来和他以物易物的东西不是黄金，而是水果、蔬菜和几束棉纱，这也是他认为他到了东印度群岛的原因之一。七年后，瓦斯科·达·伽马从印度航行回来，带了几卷来自卡利卡特的棉纱。其后的两个世纪里，许多航行探险都是为了满足对棉纤维这种新资源的需求。到了十五世纪末，由亚麻做成的亚麻纸从中国传到欧洲（中国自第一世纪即使用亚麻纸），它几乎取代了书本所用的羊皮纸或牛皮纸，这证明了它的耐用性。这是植物对新的社会秩序影响最显著的地方，因为它们让印刷的快速传播成为可能。

在一四四七年到一四五五年之间，当约翰内斯·谷登堡于德国美因茨发明了印刷机时，亚麻纸正好可以派上用场，来快速而便宜地印书。例如，一本《谷登堡圣经》，如果不用亚麻纸印刷而是由僧人以羊皮纸抄写，要花二十年才能完成，而且还需要二百只羊的皮。

谷登堡的才能在于，他利用了大学入学人数扩增所创造出来的对书本的巨大需求，而大学人数之所以增加，是因为古希腊和阿拉伯自然哲学家的手稿被重新发现。谷登堡的发明为书籍的大量生产铺平了道路。印刷机开始印出新版的亚里士多德、欧几里得、迪奥斯科里季斯和特奥夫拉斯图斯的作品，因此，对这些古典名家思想的含义、缺点做更广泛的探讨，不仅成为可能，而且还无法避免。阅读，以及不久之后的教育，为大众所热烈追求，而不再是富人的消遣与娱乐。对知识的新渴望反映在印刷品流传到欧洲各地的非凡速度上。在《谷登堡圣经》问世之后的五十年内，德国的六十个城市，还有其他位于意大利、西班牙、匈牙利、丹麦、瑞典和英国的城市，都有了印刷机，全都忙着印书以供大众消费。据估计，十五世纪结束时，已经有两千万本以上的书被印刷了出来。以平均每种书的印刷量不到五百本来算，有四万种以上的书落在了热切的普通读者手中。

在这些新书中，有许多是谈植物的。《拉丁植物志》印刷于一四八四年，接着《德国植物志》印刷于一四八五年，虽然这两本书都是古典作家（通常是迪奥斯科里季斯）所写的植物汇编，但它们是首次含有附录，描述在当地所发现的植物的书。科学界所认识的植物种类迅速而剧烈地增加，尤其是在哥伦布从新大陆回来后，带回来的标本完全不同于希腊人甚至马可·波罗所描述的那样。这波新植物狂潮对十五世纪植物学的影响，和望远镜的发明对十六世纪天文学的影响相当。眼界开了，以新方式来思考世界就无可避免了。不用再一直躲在别人背后偷看，而是转过头来大大方方地看着现在，甚至还对未来一探究竟。

一五三四年五月十日，雅克·卡蒂埃的两艘船"来到了新陆地"。接下来的几周，它们航行在圣劳伦斯湾里，卡蒂埃碰到了许多小岛，上面有奇怪的植物、动物和鸟类。他报告说，大多数的土地尽为荒地，"不该称为新土地，而是石头和野地，一个野兽之地，因为在整个北岛，我看不到一块好地"。在一个他称之为白沙的岛上，他"什么都没看到，除了这里一堆、那里一堆的苔藓和小荆棘，呈干枯状"。然而，有一组群岛，他们在那里停下来获取水和木材，那里非常肥沃，足以让植物生长，而卡蒂埃很高兴地描述了那里的富饶。"它们拥有我所见过的最好的土壤，因此，其田野中的一块比所有的新土地更有价值。我们发现那里充满了好树、草原和野豆四处开花的平原，它们茂密、排列整齐，而且美丽，好像被耕种过似的，一如我们在布列塔尼所见到的那样。那里还有许多醋栗、草莓、突厥蔷薇、荷兰芹，以及其他非常甜美可爱的香草。"可惜卡蒂埃没有植物学家随行，而后来的探险队就有了。他所谓的"野豆"可能是当地的任何一种豆科植物，从海滨山黧豆到美洲野豌豆都有可能，而且可以确定在布列塔尼看不到。而当地数十种蔷薇科植物中，不管他看到的是哪一种，都绝对不是突厥蔷薇。

新植物需要新名字，而且，以本国语言来命名的情况愈来愈多，人们不再用希腊文或拉丁文。描绘并描述植物的是草药专家以及另一种新人群——业余植物学家。例如德国植物学家杰罗姆·博克，他的书《新草木志》出版于一五三九年，记录了他在做田野调查时所观察到的植物，并且他以德文为之命名。他把他所描述并绘示的七百种植物，依特奥夫拉斯图斯的方法，分为草本、灌木和乔木三大类，而且描述它们的物理性状，诸如高度、叶子、根系类型及开花时间等，编排方式并非按字母或药性排列，而是以形态、花冠形状、颜色和种皮构造的相似性来排列。该书就好像早期的《彼得松德国植物指南》一样，博克因此书而被称为德国的植物学之父。

人们对珍奇植物的高度兴趣，后来引发了另一种新现象——公共植物园。长久以来，男修道院、女修道院、大学和皇宫都设有私人的"药用"花园，有的以围墙围住，有的甚至是食用或药用植物的大型农场，这些园子，或用来做教学展示，或为了观赏，或是在日益拥挤且瘟疫横行的城市中，作为供筋疲力尽的特权阶级疗养身心的场所。新植物园以世界各地的植物为特色，兼具观赏功能和实用价值。佛罗伦萨著名的菩菩利花园建造于一五五〇年，当时科西莫·美第奇一世买下并扩建了皮蒂宫。这座花园由尼科洛·佩里科利设计，搜罗全世界最令人赏心悦目、最珍奇的植物，只供美第奇家族独享。在此之前，第一座公共植物园在路易吉·安圭拉拉的指示下，已经于一五四五年在帕多瓦开放了。一五六七年，乌利塞·阿尔德罗万迪建立了博洛尼亚植物园，在博洛尼亚大学讲授自然史时，他也是第一个把不具药用价值、单纯只因其存在的植物纳入课程中的教授。

当时，最具影响力的植物学家也许是意大利的普罗斯佩罗·阿尔皮尼，他生于一五五三年，因此和莎士比亚几乎是同时代的人。他在帕多瓦大学研读药学，对那里的植物园知之甚详，后来到埃及旅行，在开罗住了三年，然后回到威尼斯大学，成为一名讲师。他的《埃及植物志》出版于一五九二年，向好奇的读者介绍了许多异国植物，包括许多影响未来欧洲商业的植物，比如香蕉树和咖啡树。现在，种植在南美洲各处的咖啡树和香蕉树，最初是由欧洲商人从非洲带过去的。阿尔皮尼虽然不知道确切的机制，但他还是观察到树的授粉过程其实就是一种性过程，这次，他所观察的是海枣，因而证实了亚述人的信仰。四千年前，亚述人有复杂的仪式，由祭司为海枣进行异花授粉。数个世纪以来，园艺人员一直都在为植物做授粉和异花授粉的工作，而阿尔皮尼是第一个研究授粉如何发生的植物学家。他还描述了酸豆叶子的趋光运动，但他不知道这种运动追随着太阳的运动——他认为它们可能是在吸收空气。他对植物的兴趣既不神秘也不学术，他以一颗好奇心来看植物，也就是说，那是科学家的眼光，而非魔术师或草药医生的眼光。阿尔皮尼和莎士比亚都死于一六一六年。当另一位普罗斯佩罗，即莎士比亚最后一出戏《暴风雨》中的英雄，把他的咒语书丢在一旁时，魔法时代就此结束。

// 蕨类植物的世界

纤细的剑蕨叶子还在我们这棵树的基部生长，虽然蝾螈已经离去。蕨类具有许多相当原始的特性，它们的美是一种数学美，就像

雪花或水晶之美一样。它们看起来就像是由计算机设计，用来说明
混沌理论的植物一样。它们的基本结构和我们这棵树相同，但只有
二维空间。树的枝条由主干以辐射状朝各个方向长出去，剑蕨的叶
子却是两两相对而扁平，宛如树影。和所有的蕨类植物一样，剑蕨
是一种带有花边的优雅植物，每片叶子从其盘绕的维管组织升起，
长到一米半，上面有三十厘米长的浅绿色指状叶，从茎轴像刀片似
的散开，平均排列在两侧，向顶部逐渐变细，这是典型的形状。剑
蕨的基部就在埋于土中的柄状根茎之上，上头覆满了脆脆的棕色
鳞片。

蕨类植物几乎在地球各地都长得很茂盛。剑蕨只是生长在花旗
松下的几十种蕨类植物中的一种，其他还有木贼类和石松类植物。
蝾螈和蕨类植物的出现，是一个健康的生态系统的象征。穗乌毛蕨
是乌毛蕨属中唯一出现在北美洲的，其他的都分布在热带，它和剑
蕨长得很像，但比较矮小，而且它的叶子是连续的而非分离的，比
较像割草机的刮刀而不是一排小刀，它长在沼泽地区，那里更是北
美乔柏的家。剑蕨和穗乌毛蕨都是常绿植物，但欧洲羽节蕨的三叉
叶在秋天会掉落，它喜欢酸性土壤，常常被发现于陡坡和石壁上。
甘草蕨是附生植物，长在大叶槭布满苔藓的树干上。

蕨类植物看起来像原始的树，因为它们就是原始植物。当海洋

植物海藻移到陆地上时，它们演化成苔藓植物，后来，争夺阳光的竞争愈演愈烈，于是它们从地面上升高，成为蕨类植物（这种植物有根、茎、叶，但没有花和种子）。其中，木贼类植物是最成功的，在我们这座森林里就有好几种：问荆、溪木贼、平滑木贼，以及各种各样的木贼类植物，木贼的英文 scouringrush 有"刷"的意思，因为它们看起来像瓶刷一样，而且实际上当它们被碾碎时，原住民就用它们来刷洗炊具。它们的茎含有二氧化硅和纤维素作为硬化剂。木贼类植物的叶子很像变形的芽鳞片。它们的茎中空而节节相连，就像竹子一样，而且和钉子一样坚硬，为了生长它们会推开水泥板，穿出柏油块。

包括木贼类和石松类等在内的蕨类植物掌控了植物界数百万年，这种状态在石炭纪时期到达高峰，它们的茎长得和树一样粗，庞大的叶子能把沼泽地遮住。然而，在石炭纪结束时，气候变得愈来愈干燥，蕨类植物全军覆没。来自石炭纪的大量的煤和石油，我们已经开采了两个世纪，它们全部都是由蕨类植物的化石变成的。现在，石松是小植物，但在十九世纪中叶，一块石炭纪的石松化石在英国本沙姆煤矿的矿层里被发现，它大得吓人，以至于矿场的人叫科学家过去检验。其在分枝处之前的主干长达十二米，基部直径长一米。以前没人见过这种东西，以后也很少有人见到。它被敲碎成煤出售，也许还充当了火车头的燃料，载着这些科学家回到牛津。因而这一点也被提了出来。当一块煤燃烧时，其所释放的热能，来自蕨类植物在三亿年前所储存的太阳能。

蕨类植物为隐花植物（cryptogams，来自希腊文"隐藏"和"已婚"），它们以孢子繁殖，这是最先从细胞分裂改良而成的繁殖方式。孢子似乎是介于细胞分裂和公然性行为之间的过渡阶段。蕨类植物以世代交替的方式繁殖，这个现象最初是由德国植物学家威廉·霍夫迈斯特在一八五一年描述出来的。他对细胞分裂和花粉形成的兴趣也许来自他高度近视的毛病，他酷爱仔细检查所有的东西。他非常善于使用解剖显微镜，也是第一位观察到细胞核内染色体的植物学家，虽然他不知道那是什么。

成熟的蕨类植物散出成千上万的孢子。落在阴湿处的会立即开始生长，但不是长成可辨别的蕨类植物。它们会长成称为配子体的矮平植物，直径约数厘米，它们叶状器官背面长出来的并不是孢子，而是正常的植物性器官——雄性的藏精器和雌性的藏卵器——目前在针叶树上发现的更为典型。这些"隐藏"的性器官通过"结婚"产生种子，一旦受精成功，就可以长成蕨类植物。这种复杂而间接的繁殖方法，可能是在气候突然变化，不利于孢子生殖和种子传播这两种策略时，为了确保族群繁衍所发展出来的退路。

　　虽然气候条件在石炭纪之末产生剧烈变化，造成大量植物死亡，但蕨类植物家族几乎一直延续到现在，这也是我们现在还看得到这么多种蕨类植物的原因。全世界已知的、现存的蕨类植物有一万多种，其中至少包括一种活化石——问荆，虽然它比其庞大的祖先小，但是同类中分布最广泛的。有些现代蕨类植物并不小：美丽的热带桫椤经常可以长到三十米以上，而巨木贼可以长到十米。但大多数的蕨类植物都低于一米，恢复到它们的祖先在石炭纪时期以前的大小。真菌依旧只靠孢子繁殖；而裸子植物，像我们的树一样，都是蕨类植物的后代，它们走上了种子繁殖的道路。霍夫迈斯特证实，针叶树在演化上介于蕨类植物和开花植物之间。

　　裸子植物的意思是"裸体的种子"，来自希腊文 gymno "裸体"（希腊运动员在体育场里裸体演出）和 sperma "种子"（抹香鲸的英文 sperm whale 为"精子鲸"之意，因为其头部中白色的脂肪物质一度被认为是精液）。在裸子植物中，将要发育成种子的胚珠裸露地躺在球果鳞片上，并没有像后来的开花植物，即被子植物（"包住的种子"）一样，被覆上一层心皮来保护。针叶树中产生种子的器官仍然称为孢子体，这一术语来自蕨类植物产生孢子的器官。而在木贼类和石松类植物中，它们的孢子就在孢子囊穗里，其拉丁文和球果是同一个意思。

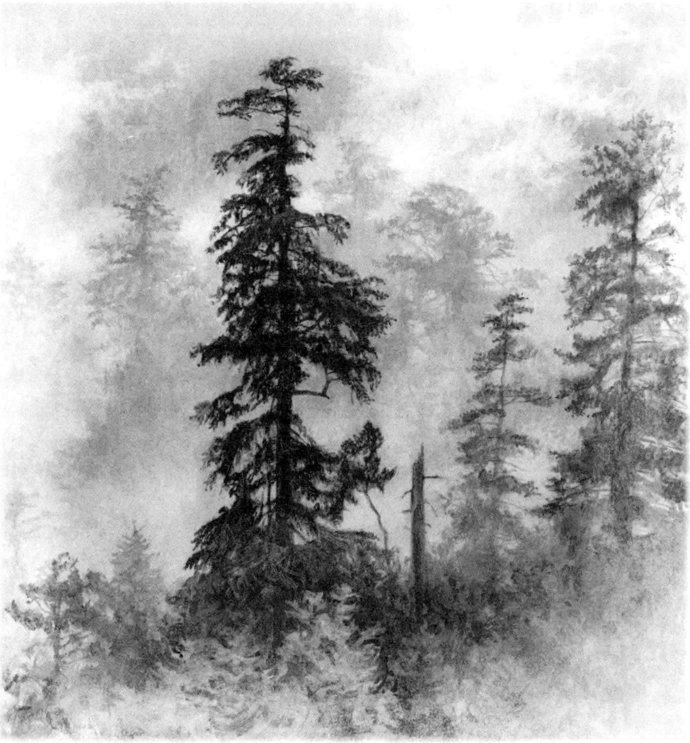

花旗松林

　　裸子植物演化自蕨类植物，它们得到了形成层。它们还提高了茎部的强度，增加了作为硬化剂的纤维素和木质素的含量，并把中空的部分填满了死木材。它们为什么要这样做至今仍是个谜。它们适应性的改变可能是对石炭纪之后的干燥气候的反应。坚硬的外树皮和把水分更有效地从根部运到高耸树冠的方法，已经是相当出色的演化优势。而发展出复杂的根系以吸取日渐稀少的地下水，这种方式比单靠根茎更好。或者，这个策略只是从孢子繁殖转换成种子繁殖的直接结果：当种子球和花粉球变得更大更重时，就必须有更强壮的茎来支撑它们。例如苏铁（类似棕榈的热带树）就有巨大的生殖器官。然而，花旗松的种子只有数毫米，但某些苏铁的种子却有六厘米长，而携带这些种子的球果可重达四十五千克。即使是石炭纪像树一样的木贼类植物也无法用其柔弱中空而没有枝条的茎，撑起数百颗沉重的球果。心材才是解决方法。

　　然而，针叶树仍然保持着其祖先蕨类植物的纤细形状，它们的树干高而尖耸，却不粗壮。花旗松看起来也许非常庞大，但就比例而言，在这种高度上，它是全世界最细的树。英国邱园的旗杆是由一棵三百七十一岁的花旗松修剪而成的，它高八十二米，基部直径却只有八十二厘米。把那些尺寸等比例缩小，你就会得到一株桫椤。

// 森林中的性

花旗松的雌球会开放二十天来接收花粉粒，直到四月底左右。花粉粒一旦滑下雌球苞片的平滑表面，就会被胚珠顶端微小且具有黏性的纤毛缠住。然后花粉粒会在这片纤毛区域上舒服地待两个月，等着其附近的胚珠唇部胀大。胚珠渐渐把花粉粒包住，而花粉粒就像槌球般沉入软绵绵的枕头里。五月初，有个开口发育出来，而胚珠变成了漏斗口。黏毛收缩成一个秘密通道的入口，这个通道称为珠孔道，而花粉粒被吸引进来，开始向着胚珠的珠心前进，珠心即为胚珠中包着雌配子体的部分。花粉粒在行进时，会变成伸长的硬杆，其外壁由纤维素和果胶构成。这时，杆子里的花粉粒会长出两个配子，即雄性精子细胞，只有在这个时候，花粉管才会和珠心接触。花粉管的最前端碰到珠心时，会轻推，最后终于穿进珠心。

在松树中，花粉管靠胚珠里一种甜蜜而珍贵的液体漂向珠心，但花旗松并没有这种被称为传粉滴的液体，它的花粉是靠一种强壮的夹子，从柱头顶端移动到珠心的。然而，现在是沿海地区的五月，是雨季，可能会有一些雨水进入胚珠。当这种情形发生时，整个机制就变得和松树一样，水分让花粉粒轻松地沿着胚珠通道进入珠心，然后珠心排开水分子以接受发芽的花粉。数千年来，花旗松已经适应了发芽期间的下雨概率，不管是否产生润滑作用，授粉都可以顺利进行。

花粉管在穿入珠心的表面组织后会休息三周，然后再继续往胚珠藏卵器的颈部移动，进入藏卵器之后，继续向卵子接近。这时，花粉管所有的内含物（带有细胞核的细胞质、包着两个雄性配子的体细胞，以及柄细胞）合并成圆柱体，移动到花粉管的最前端。隔离精子细胞和细胞质的薄膜破裂，精子细胞被射出花粉管，和卵子结合。

一个雌球也许会收到一个以上的花粉粒，但多余的花粉粒会分解成种子所储存的养分。

一六三五年，位于法国巴黎圣维克托郊区的新植物园建成了，居伊·德·拉布罗斯被任命为它的第一任总管。在之前的十年里，他一直在为建立一个这样的植物园而奔走游说，他的构想主要是将其当成公共花园，除此之外还可以作为生产草药的实验室和新化学科学的教学机构。在担任总管的第一年里，拉布罗斯种了一千五百种植物，并给学生们教授这些植物的"外部"特性，即其形式和关系，还有它们的"内部"特性，即其药学性质。

　　拉布罗斯是当时最具前瞻性的科学家，他对植物的行为竟然如此类似动物而颇感惊讶。他说，二者皆有出生、成长和运动，而且都需要养分、睡眠（冬眠），甚至性。他是第一个认为植物的繁殖和动物一样，需要雌性和雄性进行交配的人。他甚至还异想天开，思考植物是否有灵魂。生命就是生命，他认为，不论其表现形式是植物还是动物，这二者的生与死，都不会受到其形成时所植入的种子的调控，而是受制于环境中的其他因素。他在新的实验室中，试着以装着无菌土的盆子养植物，给它们浇蒸馏水。当植物死亡时，他得出结论，植物从土壤中以盐的形式获得养分，从水中以"灵粮"的形式获得养分。他还尝试在真空条件下养植物，然后得到了类似的结果。空气，他称之为"精神"，是植物的必需品，一如动物也需要空气一样。植物没有肺，但昆虫也没有，而昆虫没有空气就活不了。在他所写的关于植物化学的内容中，有一章几乎已经接近了对光合作用的理解。他写道，化学变化是两种物质的结合——植物的形态，他称之为"工匠"，火则是"通用的工具"，或是"伟大的艺术家"。

　　一六四〇年，当他的机构终于对大众开放时，里面种了一千八百种植物，其中的许多植物是拉布罗斯从东印度群岛和美洲引进来的。不幸的是，在过度的准备和期待之下，他在第二年就去世了。

　　然而，他的工作由一名德国医师鲁道夫·雅各布·卡梅拉留斯接续了下去。一六八八年，卡梅拉留斯二十三岁，是蒂宾根大学杰出的医学教授，也是市植物园的总管。一六九一年，他对植物的性别问题产生了兴趣，当时，在园中，他观察到一株雌桑树附近虽然没有雄树，却还是结了许多果实。他检查这些桑葚，发现里头只有发育不全或空粒的种子。他把这些无子桑葚比喻成鸡的未受精的"风蛋"，并得出结论，和母鸡一样，雌树需要雄树才能产生可发育的种子。然而，到目前为止，这项结论只是一个根据单一观察所做的未经验证的假设。卡梅拉留斯对植物科学的贡献是，他通过一系列的实验对这项假设进行了检验。

　　他把两株雌性一年生山靛盆栽放在室内，远离雄株，让其生长。和桑树一样，这些植物长得很好并结出了丰盛的果实，但当果实只长到半熟时，它就会枯萎、掉落，里头包含着未发育完全的种子。接着他从蓖麻雄花上摘除了花药开口下方的雄花序，之后该植物只结出了"空壳子，它们掉落在地上衰竭而干枯"。他用菠菜、玉米和大麻重复了这个实验，它们全都无法产生可发育的种子。"因此，"他在《论植物的性别》中写道，"我们有理由给这些端点（花药）一个更高贵的名称，以彰显其对雄性性器官的重要性，因为它们是藏匿和收集籽的容器，这种粉末状的籽是植物最微妙的部分，在之后由这些容器供应。同样明确的是，带花柱的子房代表了植物的雌性性器官。"

六月初，雌性卵子的细胞核胀大，移动到藏卵器中央，周围的细胞质变成浓稠的纤维状液体。细胞核就像是一座位于黏稠湖泊中央的小岛，是雄性配子的目标。当花粉管进入珠心时，它会把其全部的内含物倒进藏卵器中——细胞核、两个配子（只有一个能到达岛上）和柄细胞。两个配子中较大的一个，穿过细胞质，向湖中央的卵子细胞核前进；较小的配子很快就会放弃并分解，把其具有生产力的物质提供给新形成的种子。胜利的配子抵达细胞核，渐渐穿透细胞壁，让卵子受精。到了六月的第二周，我们的树已经达到性成熟了。在七月到八月期间，细胞在发育中的胚里不断地复制，大约在这时，早期的清教徒移民正在照顾田地中的第一批庄稼，这块位于新英格兰森林中的地，在被发现时已经被清理干净了。到了九月，当气候适宜时，北美洲东西两岸的种子已经准备就绪。我们这棵树上的雌球张开苞片，把四万颗带着翅膀的种子，释放到温暖、干燥的秋日空气中。

第四章

▓▓▓▓▓ 成熟

三百年来，我们这棵树一直在九月的和风中散播种子。适逢丰年的时候，一如今年，它会产生大量种子。有些年的秋季则一粒种子也没有。

当芽苞长出新芽，

健壮的会分出枝条，遮盖四周的弱枝，

我相信这巨大『生命之树』的世世代代亦复如此，

地表堆满它的枯枝落叶，

然后新枝不断冒出，

它以美丽的枝丫覆满大地。

查尔斯·达尔文《物种起源》

三百年来，我们这棵树一直在九月的和风中散播种子。适逢丰年的时候，一如今年，它会产生大量种子。有些年的秋季则一粒种子也没有。所有会结子的树都有繁殖周期——栎树以不规律结子闻名，但即使是家养的苹果树也是每两年才有一次结得比较好。花旗松的结子节奏有三个交叉周期：有两年周期与七年周期，理由至今不明；而二十二年周期，似乎是在反映太阳表面太阳黑子活动的高峰。当这三条曲线交会时，大约每十年一次，树会结出丰富的种子。如果我们这棵树是栎树，这一年就称为丰年。

栎树的丰年现象，通过一连串的复杂事件，和莱姆病的出现产生了联系。一九七五年，耶鲁大学的医学家们调查了一系列发生于康涅狄格州海边小镇莱姆镇的幼年型关节炎的病例，数量超过五十一个。艾伦·斯蒂尔和他的同事发现了名为游走性红斑的特殊牛眼疹和关节肿胀，这些都是莱姆病的症状。一九八二年，维利·布格德费尔在蜱的体液中发现了一种螺旋体，称为伯氏疏螺旋体，此病被证实是由这种螺旋体所引起的。

白尾鹿一般以木本植物为食，但在丰年，它们会到栎树林里大啖栎实。它们在那里会引来鹿蜱成虫。雌蜱吸了四到五天的血，吸够了就从寄主身上落到树叶堆里过冬。到了春天，雌虫所产下的卵块中含有数百到数千颗卵。

丰年里的大量栎实还会引来白足鼠，它们在此处搜集、储存大量坚果。然后它们产下比平常更多的幼鼠，存活率也高于一般时期，结果，到了来年，"鼠口"爆炸，从而为刚孵化出来的蜱提供大量的摄食机会。白足鼠是螺旋体的储备者，当它们被幼蜱寄生时，细菌就会透过血液传到蜱，使蜱感染。蜱吸饱之后会落入林床中过冬，来年春天长成幼虫，准备散播螺旋体。如果有行人碰巧经过，蜱就会附在不知情的受害者身上。因此，丰年之后的两年，莱姆病就在人群中暴发了。

莉萨·柯伦和她的工作伙伴们在研究龙脑香科植物时，发现了另一个神奇的丰年现象，龙脑香科是印度尼西亚林冠树中的主要科。从一九八五年到一九九九年，科学家们将目光聚焦在婆罗洲巴隆山国家公园内一百四十七平方千米的土地上。他们发现整个森林生态系统有一种丰年现象，五十种以上的龙脑香树以大约三点七年的周期，于短暂而密集的期间同时繁殖，产生大量的果实和种子。丰年期间有六周时间，百分之九十三的树会掉落种子，研究人员发现，每公顷土地上的种子达一千三百千克。大量的动物被吸引过来，包括野猪、猩猩、长尾鹦鹉、原鸡、山鹑、数不尽的昆虫，甚至当地村民。科学家们发现，引发丰年的因素是厄尔尼诺南方涛动的到来，这是一种热带海洋环流模式中的周期性变动，于六到八月间为印度尼西亚带来干旱。丰年现象接在干旱之后。这是一个神奇的树群演化策略。

有些生物学家认为，丰年现象也是树木用来控制掠食者的策略的一部分。丰年之间夹着漫长的无果期，靠种子和坚果为生的动物就得受制于树木，被迫进入大餐与饥荒的循环。如果饥荒期够长，那么动物族群的数量就会锐减而树就安全了，至少安全一阵子。在中国，有些种类的竹子每一百年才结一次种子，然后死亡，导致吃竹子的大熊猫饿死。

// 以种子为食的松鼠和鸣禽

在花旗松林里，以种子为食的掠食者主要是道氏红松鼠，它们身长二十厘米，呈蓝灰色，腹部及眼圈为闪亮的浅黄色，耳朵是黑色的，尾部比身子短，活力十足。在夏季，道氏红松鼠就坐在高处的枝条上，摘下一个即将成熟的球果，并开始有系统地剥球果，从底部开始，一次剥一枚鳞片，吃掉球果基部的种子，空鳞片和最后被剥剩的芯则被丢到地上。现在到了秋季，松鼠赶在种子散开之前，疯狂地从树上摘下数千枚种子球。松鼠把球果从茎部摘下，丢到地上，然后匆匆赶下来把球果藏到倒木和树桩底下的洞里，球果在那里保持湿润，不会让种子散开。许多球果被松松地埋在林地表面，将来它们的一些种子会发芽。松鼠的速度和效率非常惊人。在加利福尼亚州，有人曾观察到一只松鼠在三十分钟之内摘下了五百三十七枚北美红杉的球果，它们用四天就可以将其贮存起来，作为过冬所需的食物。约翰·缪尔非常钦佩这种勤劳的小动物，他估计森林里所长的球果，由活力十足的道氏红松鼠经手的高达百分之五十。

道氏红松鼠和它们的近亲北美红松鼠一样，有强烈的地域性，每只守着约一公顷的成熟花旗松林。它用尖锐、嘈杂的叫声保护家园不受飞鼠、花栗鼠，尤其是其他道氏红松鼠的侵犯，包括其潜在的交配对象。在这片区域里，它们在较高的树干的分叉处筑夏巢，或称松鼠窝，有时则占用老鹰或渡鸦所遗弃的巢。到了秋天，它们会离开夏巢，在树干的洞里筑冬巢，这个洞是由低层枝条的掉落和雨水的渗入腐蚀所形成的（通常还有昆虫、啄木鸟和红羽轴扑动䴕的协助）。松鼠在洞里排上一列列的碎树皮和针叶，在底部填满种子以备不时之需。它们并不会进入深度冬眠，但一次会睡上好几天，醒来吃点存粮，然后再睡。

它们的繁殖期在春季，接在树木的繁殖期之后。在四月求偶交配的过程中，它们以花旗松与美国黑松的花粉为食。当五月中旬幼鼠出生时，它们的父母则以树木顶端的嫩芽和嫩枝为食。幼鼠被抚养了八周，到了七月中旬之后，就会被赶出出生的窝，独立生活。现在，这些还不到一岁大的小家伙必须自己去找过冬的食物，并改吃成熟的种子球，从而与已经建立了势力范围的成鼠竞争。一岁的成鼠不易寻求和保卫自己的地盘，这正是道氏红松鼠种群无法布满整个地球的原因。很多松鼠会找不到自己的地盘，也无法储存足够的粮食过冬，而在春天来临之前饿死，这个问题因花旗松老熟林被不断开发而变得更加严重。

九月的第一周，刚好是种子爆裂的时候，鸣禽开始到达它们秋季迁徙的地方。对某些鸟而言，例如白腹灯草鹀，这是它们迁徙到达的最南端。它们将会加入留鸟型的灯草鹀，这些留鸟整个夏季都在此地。今天，所有的灯草鹀都叫白腹灯草鹀，但西部森林里的灯草鹀有两种类型：它们以前分别被称为灰蓝灯草鹀和俄勒冈灯草鹀。灰蓝灯草鹀的上半身是坚实的灰色（暗灰色的冠羽、胸、翅和尾部），它有背心似的浅黄色羽毛，还有两组雪白的外尾羽，它们在空中刹车准备降落时，看起来就像幽暗灌木中闪烁的火花。俄勒冈灯草鹀有深色冠羽，但上半身其余部分全是红褐色，肩部有赭色斑，两侧为略淡的红褐色。灯草鹀的名字来自拉丁文Juncaceae，即灯芯草。这应该是因为以前有人认为灯草鹀以灯芯草的种子为食，但是其实它们并不吃。春天它们以蜘蛛和昆虫幼虫喂养雏鸟，但现在是秋季，成鸟在光照充足的草原及森林边缘搜寻食物，吃各种植物种子，但不包括灯芯草。它们进食时大都在地上，以并脚跳的方式移动，最有名的就是"连环双跳"：第一步向前跳，落下时双脚把带有种子的草秆压下，接着迅速往后跳，把掉落的种子啄起来。

　　灯草鹀及其他的过冬鸟类——松金翅雀、歌带鹀、金喉雀、红交嘴雀和紫朱雀，也大量地食用花旗松的种子。九月底，花旗松的种子覆满大地，宛如一只只透明的小鱼干。鸟吃这些种子，因为它们大而富含淀粉，值得花力气去打开。在非丰年里，以种子为食的鸟类能吃掉树种年产量的百分之六十五。

　　对某些候鸟而言，如雀类，当它们从北方森林往南迁移时，九月不过是补充碳水化合物时的短暂停留。有些雀鸟会大啖花旗松的种子，然后继续南飞，一路沿着太平洋海岸把种子随着排泄物排掉。其他雀鸟在饱食种子之后，又会轮到它们被美洲隼、红尾鵟和毛脚鵟吃掉，它们的嗉囊被撕开而种子四散，或是被这些隼类吞下，存在隼类自己的粪便中。北方老熟林的种子就以这种方式传播，并改变南纬地区森林的组成。千百年来，这种鸟类迁徙和其所带来的树木，已经改善了气候及南部地区的侵蚀形态，因为森林蒸发水分会影响水文循环，而风吹过森林的效果也和吹过光秃秃的土壤不一样。

// 树木反击

树尽管是各种掠食者的目标，却还是活得相当旺盛。掠食者有：觊觎种子和花旗松嫩芽的鸟类、松鼠和黑尾鹿；决心要侵入细胞核的真菌；被芽和针叶吸引的昆虫；以及寻找各种方法进入细胞壁的各种细菌和病毒。植物不能拍打或躲避害虫，而是靠化学武器的兵工厂来抵挡病原体的侵袭。一株健康的植物就是一座高效的生化厂，持续生产各种化合物，有些可以促进生长，有些则是所谓的次级化合物，常常被用来抵抗入侵的敌人。几个世纪以来，从古代的草药到现代的药制品，人类已将植物用于药用和消遣性服用，这些用途中的大部分缘于这些次级产品。它们主要分为三类：萜类、酚类和生物碱。

有些萜可以帮助树木生长，例如带有萜烯基的赤霉酸，但大多数是用于防御。树脂包含单萜和二萜，它在树的茎部和枝条中上上下下地流动，甚至通过树纹里的特殊导管，进入针叶和球果。当昆虫幼虫钻进树里时，它很可能会穿破这些导管中的一根。一旦发生这种状况，树脂就会流入昆虫的进食室。树脂好像没什么驱虫效果，但它含有萜可以进一步抑制昆虫的食欲。接着树脂硬化，把伤口封起来以免真菌孢子跑进来。一株受到严重侵袭的树，其树皮上可能有数百处树脂伤口。有些萜具有毒性。例如马利筋属植物含有的萜对鸟类就有毒性，这也是帝王蝶幼虫喜欢吃马利筋属植物的原因。被摄入的分子会发挥作用，减少鸟类对昆虫的捕食。印度楝树油中的活性杀虫化合物是印度楝树的一种药用提取物，也是一种三萜类化合物。

酚类带有苯基，通常具有挥发性——可以在空气中传得很远。有些酚称为类黄酮，植物花朵用来吸引授粉昆虫的香味和颜色，就是由其负责。其他的一些酚为植物相克作用的元素，就是在同一个生态系统中，某株植物防止其他植物生长的能力，例如黑胡桃树的根部会分泌一种化合物，防止其他植物在其树冠正下方生长。某些沙漠植物会释放出一种酚——水杨酸，可以做成阿司匹林——阻碍附近植物的根部吸收水分。

然而，有些时候这种影响是正面的，因为酚的排放会警告附近同种植物有食叶昆虫来袭。一九七九年有一项实验，将三组盆栽柳树置于封闭房间内，其中两组在同一室，另一组则被置于另一房间。

第一间里，半数的树被放上了食叶毛虫。两周后，受侵袭植物的免疫系统启动，以驱逐毛虫的入侵，而同一房间里未受侵袭的植株也启动了免疫系统；然而另一独立房间里的树却不受影响。第一间房子里受侵袭的树以某种方式警告其他树——而且不是透过菌根沟通，因为树种在盆子里。受侵袭植株排放出某种挥发性化合物，它触发了附近植株的主开关。

当植物受到草食性昆虫的攻击时，它还会释放出酚类化合物以吸引其他以入侵昆虫为食的昆虫。例如，关于黄花烟草的实验显示，当其叶子被天蛾毛虫所吃时，该植物会释放出有气味的化合物以吸引淡色大眼长蝽，这是一种以天蛾卵为食的卵生昆虫。显然，毛虫唾液里的化学物质触发了求救讯号的发出。在银杏树、玉米树和棉树中都有类似的现象。荷兰植物生物学家马塞尔·迪克研究过棉豆排放的化学物质，根据他的研究，"即使不是所有的植物物种，那也是大多数植物，它们都具有和它们的保镖交谈的特性"。植物会号召大量的螨和寄生黄蜂来帮忙，而这些掠食性昆虫已经演化出了监测空气中这些化学信号的能力。

单宁酸为类黄酮聚合物，保护树的组织不受微生物的侵蚀——其发挥的作用与被用来鞣皮革时的作用相同。栎树、栗树和针叶树的单宁酸还能破坏草食性动物的肠子，以防止它们进食。单宁酸会破坏肠子的上皮细胞层，造成动物无法消化所吃的食物。结果，有些草食性动物，如鹿，必须吃大量的叶子才能得到足够的养分以维持重量。动物吃植物以获取氮，植物利用这一点，让它们不同部位的叶子含有不同数量的氮，因此，草食性动物，包括昆虫，必须从树的某一部位移动到另一部位，或是从某棵树移动到其他的树，或是更好的情况，从某一种树移动到另一种树以取得足够的氮。

即使如此，植物还是尽量让它们所含的氮保持在最低量。树的含氮量是所有植物中最低的——低到木质部只有百分之零点零零零三，叶子最高可达百分之五，芽苞和嫩茎则为百分之八。大多数昆虫必须将体内的氮含量维持在百分之九到百分之十五之间才能繁殖。植物还在它们的氮中混入酚类毒素，如单宁酸和生物碱，使其叶子和种子变得不可口。草食性动物的季节性迁徙，包括鹿、野牛和昆虫，其部分的原因是它们必须一直追求富含氮的草场，因此，我们或许可以说，这乃是受植物所控制。

植物所产生的第三种次级化合物生物碱，可以像光通过玻璃一样，穿透细胞膜。它们直接进入中枢神经系统，在脑中引发反应。例如咖啡因就酷似肾上腺素，这是我们产生清醒错觉的原因。咖啡成瘾者是永远失意的肾上腺素上瘾者。烟草中的一种生物碱尼古丁，进入脑部的速度是咖啡因的十倍，因此更容易上瘾。吗啡则是鸦片中主要的生物碱，也非常容易上瘾。

并非所有生物碱都对人有害。预防疟疾不可或缺的奎宁，就是一种金鸡纳树树皮中的生物碱。提炼自颠茄根部的阿托品，可作为一种呼吸兴奋剂或止痉挛的药。但大部分生物碱被摄取足量时皆有毒性。马钱子碱是东南亚植物马钱子中的生物碱，十九世纪时，其稀释溶液可治疗酒精中毒，但只要稍微浓一些，就会导致极度痛苦的死亡。尼古丁用于治疗疥疮，剂量强一些可治疗癫痫（也就是当时所称的脑病），剂量过强则会造成意识丧失甚至死亡。从东印度的迦素巴素树（一种格木属植物）中所提炼的诺喔赛定，牙医用它来取代砷当止痛剂，毫无疑问，许多病人得以减轻疼痛，但以每千克体重一微毫克的剂量给狗进行皮下注射，就会使其毙命。过去人们试图寻找与吗啡相比不那么容易上瘾的鸦片衍生物，结果事与愿违，反而产生了实际上瘾度为吗啡的二十倍的化合物：海洛因。

我们这座森林里的一些植物含有致命的生物碱。它们大都属于美丽的百合科。例如剧毒棋盘花，它有精致的黄花，和长在一旁的蓝克美莲非常像，真正的蓝克美莲的根可以食用。当食物短缺时，当地原住民会到森林里的"蓝克美莲大草原"非常小心地分辨这两种植物。加州藜芦也长在这个区域，通常位于颤杨树底下。母羊怀孕十四天时吃了这种植物，会产出独眼畸形胎——生下来的小羊前额中间有一只眼睛。当地原住民把其根部煮成汤汁，连续三周每天服用三次，可以导致不孕。虽然当地原住民以绿藜芦经过初霜的叶子泡水来降血压，但其幼苗却带有剧毒。这种植物被晒干磨成粉，可作为园用杀虫剂出售，名为藜芦粉。迪奥斯科里季斯知道白藜芦，他说将其根部晒干磨成粉混以蜂蜜可杀老鼠。

// 种子与性

既然每年所生产的种子有百分之六十五为鸟类所食，而剩下的大部分又被道氏红松鼠、老鼠、田鼠和花栗鼠处理掉，于是只有不到百分之零点一的花旗松种子在掉落后能长成新树，也就不足为奇了。面对如此大的折损率，大量产生种子是一种补救方式。和某些开花植物比起来，花旗松的种子产量微不足道——例如某些兰花，一个果荚就包含高达四百万颗种子，其成功率则远低于花旗松。中世纪哲学家，如圣托马斯·阿基纳（为大阿尔伯图斯的学生，后来两人在科隆及巴黎成为同事），试图把亚里士多德学派的主张移植到基督教教义中，融合理性和信仰，把这种大量产生种子的现象视为造物者的伟大设计。大自然是"上帝所撰写的书"，种子的过度生产则是大自然丰盛的一部分，必须产生足够多的种子以喂养所有动物，包括人类，还要剩下足够多的种子以延续物种命脉。于是，过度生产既是天命之迹象，也是自然因素的结果。

《圣经》中的比喻，"凡有血气的，尽都如草"实际上一点也不夸张。几乎每一样我们所吃的东西，不是植物本身，就是以植物为生的动物。人类很少吃肉食动物。我们日常饮食中的肉食动物，除了吃昆虫的鸟类之外，就是鱼类，许多都是养殖的——最有名的就是鲑鱼。养殖肉食动物的效率非常低，每一千克的鲑鱼肉，要用三到五千克的完全可食的鱼肉团去喂养。这就好像拿绵羊和山羊去喂狮子一样，然后再吃狮子。

现在我们知道，可耕种土壤层是支撑人类文化命运的一线希望。如果把地球缩成篮球的大小，那么地表土壤就只有一个原子的厚度。然而我们却很严重地滥用了这脆弱的土壤层，在农业上使用化学药剂，并在上面倾倒有毒废弃物。如果"凡有血气的，尽都如草"，那么善待草木就符合我们自己的利益。

早期的神学家想办法调和神学和他们所学到的科学，因此，以"神圣之命"确保植物产生足够多的种子，以喂养神所创造的万物，并使万物继续生存下去，这是很合理的。在十七世纪的英国，这种观点的主要拥护者就是约翰·雷伊，人称英国自然史之父。雷伊是天主教神父，后来教授希腊文和数学，并对植物学产生了兴趣，写了关于树中汁液的流动、发芽、物种的数量以及它们之间的区别的论文。在最后两篇论文里，他和当时的许多植物学家一样，在研究一套分类系统，寻求一种可靠而一致的方法，根据植物的种子、果实和根部的特征，把植物界组织起来。在植物学和动物学的领域中，似乎每天都有新信息出现，由此引发的混乱状况需要一套通用法则来恢复秩序。

雷伊想到了植物的性，对一个英国清教徒而言，性是可耻的想法，因此他并未认真探究，但这个想法后来在欧洲竟大为流行。上一代人，英国植物学家尼赫迈亚·格鲁曾提出花药就是植物的雄性性器官，而雷伊倾向于认同这个想法——也许，如果他不是清教徒的话，还会去思考雌性的部分。以这种方式把动物和植物统一起来，也许更容易找出分类的通用系统。但几乎要到半个世纪之后，才有人公开发表了这种想法，先是意大利人卡梅拉留斯，接着是法国人塞巴斯蒂安·瓦扬。

瓦扬负责巴黎皇家花园（后来的巴黎植物园）的品种搜集工作。一七一四年，他负责监造法国的第一座温室，并最终成了花园的教授。他所开的第一门讲座是关于植物之性的存在，此乃拉布罗斯的观点的延伸，也是卡梅拉留斯的观点在法国的首次发表。瓦扬于一七一七年开讲，受到热烈欢迎，虽然他的讲座排在早上六点，但座无虚席。当年被他用来做演示的那棵开心果树，至今仍被种于自然历史博物馆的高山花园里。瓦扬于一七二二年去世，之后他的演讲内容被结集成书获得出版，继续引起回响。这本书最深远的影响，或许是它被瑞典乌普萨拉大学的一名贫穷的年轻学生，迫不及待地读到了，他就是林奈。

虽然植物具有性身份并非新想法，但瓦扬的贡献及激起林奈兴趣的是，植物的性器官在不同物种间非常一致，可以作为分类系统的基础。当时其他的分类系统依赖植物花朵的形态、颜色或大小等模糊而主观的判断。林奈所提出的是直接对生殖器官做数学计算——斯蒂芬·杰伊·古尔德所谓的"枯燥的数字分析"。

当时，分类学领域和拜占庭皇帝的血统一样复杂——正在使用的自然界的分类法竟有三百多种。林奈在研读了瓦扬的论文之后，所建立的基本方法极为简单。特奥夫拉斯图斯已经以"属"和"种"来辨识标本了，林奈只是在其上加了两个类别——"纲"和"目"，并设计了一套简易方法，把每种生物放入适当的栏目中。一株植物归哪一纲，由其雄蕊（雄性器官，一根花丝带着一个花药）的数量和排列方式决定；归哪一目则由心皮（雌性器官）的数量和排列方式决定。他的系统之于植物，就如同杜威十进制分类系统之于书本：计有二十四纲、数十目、数百属和数千种。整个世界就像一个大图书馆，每一个物种在正确的楼层（纲）、正确的区（目）、正确的书架（属）上有其特定的位置——而且不只是对已知的每一个物种而已，对每一个进入图书馆的新物种也同样重要。任何一个带着放大镜，能够从一数到二十的人，都可以像在实验室里一样，轻易地在田间判别每一种植物的纲和目。（具有一枚雄蕊的植物是单雄蕊纲，即"一个男人"之意；如果有两枚，就是双雄蕊纲；到二十枚为止的为二十雄蕊纲；超过二十枚的都称为多雄蕊纲。）自林奈之后，为新植物进行分类的工作实际上已成了例行公事。

林奈所创建的分类系统，至今仍在被使用，是目前主要的分类形式，虽然后人又添加了几个分类层级。地球上的所有生物都被归入三大领域：细菌、古菌和真核生物。真核生物是人类的祖先，它们可能在二十亿年前从细菌中分离了出来。于是，人类的分类如下：真核域、动物界、脊索动物门、哺乳纲、灵长目、人科、人属、智人。花旗松的分类是：真核域、植物界、松柏植物门、松杉纲、松杉目、松科、黄杉属、花旗松。

对某些人而言，这些全都没有给生物一个真正的定义。事实上，林奈分类法的简单正是某些人反对它的原因。这就好像林奈把植物学的趣味给剥夺了一样（如同说杜威把浏览书籍的愉悦给剥夺了一样）。别管果实的丰硕之美、山溪上弯曲有致的枝丫、雨后闪闪发亮的草原，配上花朵缤纷的绚丽景象；而是检查它有几枚雄蕊，几枚心皮。林奈自己在写作时，努力地软化着这些冰冷的数字解析。一七二九年，他描述了一株带有一枚雄蕊和一枚雌蕊的植物，这就好像新郎、新娘的洞房花烛夜一样："此花之瓣……宛如新人之喜床，在造物者的壮丽安排下，饰以高贵的床帘及温馨的香味，新郎和新娘举行隆重的婚礼。"但这没用。林奈的分类系统非常枯燥，意外的闪光点全被滤除，也许，他不得不如此。"该系统的巧思和用处不容置疑。"达尔文在《物种起源》中唯一提及林奈之处如此写道。这位瑞典自然学家认为他的系统把上帝的天机解开了。"但除非该系统明确点出时间或空间中的顺序，或此二者皆有，或造物者计划的其他意图，"达尔文写道，"否则，在我看来，它并没有增长我们的知识。"

　　林奈的花园位于其乌普萨拉故居的后方，现为被妥善保存的圣地，作家约翰·福尔斯于参观之后，附和了达尔文的评论。福尔斯知道，他所站的地方，正是大爆炸的发源地，"它在人脑里造成的辐射和突变无法估量，而且绵延不绝"——在林奈这一小块土壤上"所落下的一粒知识种子，如今已长成大树，把整个地球给遮住了"。但福尔斯坦承，他是"林奈的异教徒"。他对林奈所探寻的很难实现的植物个体化极为反感，它把自然现象化约成了特定秩序里的特定类别。他视其为迈向人类中心主义的第一步，我们所定义的大自然，只是我们所在之地，或我们附近的环境。林奈的系统，他说道，要求我们放弃"见识、理解和体验的某种可能性"，以换取分类和标示，就好像透过照相机的取景器来看大自然一样。"而这就是，"他写道，"乌普萨拉知识之树所长出来的苦果。"

近年来，科学界具有了提取并比较 DNA 的能力，这为林奈观点的精确性，提供了新的认识，虽然对其观点之美没有什么帮助。DNA 分析远比数一数心皮和雄蕊来得复杂，它是一种有力的工具，可以确认两个看似毫不相干的物种之间的关系程度。DNA 力量的关键在于四种分子结构的排列，这些分子结构称为碱基，简单地以其英文首字母表示：A 代表腺嘌呤（adenine）、T 代表胸腺嘧啶（thymine）、G 代表鸟嘌呤（guanine）、C 代表胞嘧啶（cytosine）。这四种碱基以线性方式沿着分子链排列，两条 DNA 以碱基配对的方式相互螺旋扭绞在一起：一条 DNA 上的 A 总是和另一条的 T 配在一起，而 G 总是和 C 配对。一条 DNA 上的碱基序列，以连续的三个字母所拼成的单词，构成一条讯息或是一个句子（基因学家把一个物种的整套 DNA 组合称为它的"书"）。

碱基的配对倾向是一种有用的特性。如果 DNA 分子溶液受热直到碱基间的键结断裂，那么成对的 DNA 链就会相互分离而自由流动。在缓缓冷却的过程中，这些碱基显然会相互碰撞，再度形成配对。因为配对的序列非常特殊，所以双链分子又被重新建立起来。如果一个物种的 DNA 和另一个物种的混在一起，它们的溶液被加热后再缓缓冷却，某一物种的一条 DNA 链也许会发现另一物种的 DNA 序列与自己类似，从而这两条链可能会结合，形成混种。这种混种可以测量，各物种形成混种的比例也可以确定。如果两个物种的 DNA 在所形成的混种中占比很高，那么我们就会知道这两个物种的原始种关系密切，因为它们必然有非常多类似的序列。在非常多的案例中，由 DNA 分析所确定的物种间的亲缘关系与林奈的观察或预测相当吻合。

// 翅与风

各物种在各自的利基解决各自的问题，否则就会灭亡，而解决方法之巧妙各有不同，一如物种和利基的数量是变化多端的一样。

一个物种解决了一个问题之后，当类似的问题发生时，它未必会寻求同样的解法。似乎，一种明智的植物，例如，在妥善解决花粉传播问题之后，也许会采用相同的策略来传播种子。但这种情况几乎从未发生。

花粉和种子的传播目的非常不同。树也许会发现，把花粉传得愈远、愈广，使其个体基因物质的散播概率最大化，这非常有利。但让一个苹果落在离母株非常远的地方，却未必是个好主意。授粉者为远方的树授粉之后，也许应该管好自己的事就行了，让树自己去照顾自己的种子。虽然在菌根床上，种苗难以生长，但生长在亲代附近对子代有利，因为它们的根会钻入与亲代完全一样的菌根床中。这不仅可以确保幼株找到合适的真菌，利用既有的地下网络分享养分，还可以使它们扩展该网络，从而让亲代和子代双双受惠。虽然在菌根群落里，大树好像具有更大的吸引力，以牺牲小树为代价，让自己更加茂盛，但事实上，就比例而言，大树对系统所贡献的碳水化合物比小树还多。母树事实上会照顾小树，就像熊或黄莺一样。而且，不进行自花授粉的植物，当被附近许多同种树包围时，显然活得更好。

虽然花旗松传播花粉和种子都要靠风，但要确保花粉被吹得愈远愈好，而让种子待在附近。花旗松的种子具有单翅，能在秋天御风而行，这在针叶树里颇常见，但不是所有针叶树都如此，因为花旗松的种子颇重，所以鲜少有种子能飞很远。有的针叶树根本不让种子四处漂泊。例如美国黑松把种子包在球果里长达七十五年，如果没有火来释放种子，球果就会从树上落下，种子还是待在里头，只有在球果分解之后，种子才会被释放出来。瘤果松的占有欲更强，它一直抓着种子，连树皮都长出来包住球果，一直要到母树死后倒在地上，种子才会被释放出来，而母树在腐烂的过程中，正好充当自己子女的堆肥。

其他的有翅种子和果实飞得更远。榆树和桦树的果实带有一对翅膀。结果，它们以回旋的方式慢慢降落，飞得比坚果还远。在北美洲东部的针叶林里，刚松并不是在秋季一次释放出全部的有翅种子，而是断断续续地释放，一直到冬季。种子落在冰雪上，继续被风和春季的径流带走。梭罗观察到了一粒刚松种子，它"就这样横渡我们的池塘，池塘宽半英里，我想，在某种情况下，它没有理由不能随风吹个几英里远"。例如，沿着结冰的河流，或跨越一片片草原。最大的有翅种子就是巴西斑马木的种子，其翅膀展开达十七厘米，种子以漂亮的角度盘旋，优雅地降落，就像滑翔机在无风的环境中飞行一样。

并非所有靠风传播的种子都有翅膀。有些具有降落伞——例如蒲公英的种子或南非银树的种子。有些则具有气囊，比如鱼鳔槐的种子，它们的种荚鼓起来，一旦脱离植株，就能在空中飘得很远。小型南极洲植物羽状槲寄生的雄蕊，把花药传到胚珠之后，就把自己重新排成羽毛状，连在种子上，就像帆一样。我们觉得风滚草不是种子传播的单位，但它们正是。当种子干燥后准备发芽时，风滚草会从自己的根部脱离，卷成球形，让风吹着到处跑，跨越平原，每次碰触地面时，就会散播种子。葫芦的种子似乎是为水运方式而设计的，但有些长在沙漠地区的葫芦的种荚却靠风传送。它们干燥后和空气一样轻盈，在沙漠中四处滚动，直到在一处湿润的地方落脚，希望是绿洲，当阳光将它们晒暖之后，它们就会爆开，把小小的黑种子散到风中。

靠水传播也一样很普遍，尤其在南纬地区，那里的地球表面大都为水，而且位于热带，水温暖、平静且富含养分。靠水运送的种子必须具备漂浮和防水的能力。有些种子还带有气囊以使自己漂浮，如鸢尾。有些种子的表面有一层软木，有些则有一层蜡，有的则是油。椰子是名副其实的小圆舟，可以漂流数年之久。落入海中的种子还必须耐盐。

达尔文在他肯特郡郊区的房子后方，开垦了几英亩的花园，他对种子传播的问题很感兴趣，并做了详尽的实验以了解其运作方式。

在温室中，他设置了一个装满盐水的水槽，里面放了各种怪异的组合：裸露的种子、带荚的种子、死鸟嗉囊中的种子、未成熟的种子、熟种子、附在枝条上的种子和包在土壤里的种子。他试图证明，种子有能力从大陆漂到海岛上，或是从一个岛漂到另一个岛，而且还活着。许多植物学家怀疑种子有这种能力，因而提出了各种精巧的运送方法来解释，比如说，为什么欧陆的原生植物在亚速尔群岛也可以看到。陆桥是最常见的解释；有些人则郑重其事地提出，失落的大陆亚特兰蒂斯才是答案。达尔文决定要弄清楚是否"我们无权认为，在现有物种存在期间发生了如此巨大的地理变化"。他认为我们确实没有权利这样认为。

他在《物种起源》中报告了他的实验结果。"出乎意料，"他写道，"（在盐水槽里）浸了二十八天之后，我发现在八十七个样本中有六十四个发芽了，而且有不少样本在浸了一百三十七天之后还活着。"干榛子浸了九十天还活着；干芦笋植株泡了八十五天，种子依然正常发芽。他得出结论，任何一个国家，都有百分之十四的种子，"也许可以在洋流中漂浮二十八天，而且还有发芽能力"。经他计算，这些种子能在海中漂流一千五百千米，而且到达后还可以长大成树。再加上许多由鸟嗉囊、鸟粪运送的种子，藏在附着于漂浮的树干上的土壤中的种子，以及被海洋动物吃进肚子里的种子——例如，加拉帕戈斯西红柿的种子只有在巨型龟的肠子里待过两三周才会发芽——可以看出植物把自己散布到远方，甚至跨越宽广海洋的能力，并不需要靠失落的大陆来解释。

达尔文对种子的过度生产与散播现象很感兴趣，因为这与他的自然选择进化论的假说相符。就某种意义而言，它们解释了一种产生新物种的方法。因为在原产地，只有一小部分的种子可以存活，于是植物产生的种子比所需的种子更多。即使是在一般年度，花旗松也有高达百分之六十的种子发育不良；而在荒年里，不良率提高到百分之八十二。剩下的大都落在不利生长的地点、被火烧毁，或是被昆虫、小鸟或其他动物吃掉。然而，有些存活下来的种子，在基因层次上有些微的变异，这使它们不再适合在原生地生存，而可能更适合在远方的环境，或是在不同气候下的环境里生存。当这些带有新基因组合的种子被风、鸟、兽、冰山、冰川的移动或其他方式带到远方时，它们可能会发现新环境更适合它们的遗传特性。起初，它们和亲代还是属于同一物种，但一段时间之后，当它们适应了新环境，它们和亲代就变成了近亲物种，它们通过亲缘关系清楚地揭示了自己和亲代物种的联系（例如，DNA 链具有类似序列），但在隔离之下，它们最后异化成不同的物种，和原种交配，不再能产生具有繁殖能力的混种。

// 老熟林群落

我们这棵树二百五十多岁了，如今已成了老熟林的一部分。花旗松老熟林和新生林有许多不同之处。老熟林由同龄树和枯立木（矗立的死树干，没有树皮或枝条，通常中空）所构成。虽然该森林被数百岁的花旗松主宰，但林下叶层却有其他的树种等着篡位，因而使得林地经年保持阴湿。在少数几处巨木倒下所留下的开阔空间里，下层的阔叶树和灌木（藤槭、美莓和越橘）就赶紧利用这难得的阳光。在蕨类植物所覆盖的林地中，躺着杂乱的落枝和大树干，它们处在不同的腐烂阶段。飞鼠住在枯立木中，其排泄物堆满了中空部分。鸟类王国也变了。当一片森林在五十到一百岁时，它可以支撑在低树枝结巢的鸟类，如斯温氏夜鸫、黄眉林莺和黑头威森莺，而二百五十岁的森林就成了在树洞或松垮的树皮底下结巢的北美蚊霸鹟、褐色爬刺莺、北方山雀和各种鸫科鸟类的家。这些鸟都以昆虫为食，因此，在决定何种昆虫得以繁衍、何种昆虫会受到抑制时，它们扮演着重要角色。

我们这棵树所在的地区，有一百四十种食叶昆虫，它们一般专吃针叶树的叶子，其中有五十一种专吃花旗松，包括黄杉大小蠹、黄杉毒蛾、冷杉锯角叶蜂、褐线尺蠖、绿斑林尺蠖、伪铁杉尺蠖及西部黑头长翅卷蛾。西部云杉卷蛾在此地尚未构成虫害——直到一九〇九年首次爆发，才被记录了下来。在所有树中，食叶昆虫既吃叶子也吃嫩芽，而嫩芽原本可以长成针叶、新枝和球果。在十月，花旗松上的伪铁杉尺蠖会将卵产在部分针叶的叶背上。当幼虫于五月下旬出现后，它们立刻开始大吃针叶，一直吃到八月中旬化为蛹为止。九月，成虫出现，交配并产卵，周而复始。一旦被伪铁杉尺蠖侵入，如果不加以控制，那么只消几年它们就可以让一棵像花旗松成株一样大的树死亡。幸好，对树而言，有许多鸟类会吃这些昆虫的幼虫，包括松雀、北美蚊霸鹟、黄腹比蓝雀、松金翅雀、雪松太平鸟，以及各种莺、鸫和麻雀。

树也会从其他的外部资源得到帮助，而有些外部资源令人意外。例如，木蚁一般被认为会破坏树，但它们所破坏的大部分是已经倒下且开始腐烂的木材。事实上，有些物种还会帮树吃掉食叶昆虫的卵、幼虫和蛹。这相当合理，因为一年当中，蚂蚁大多数时候要依靠健康的树。虽然木蚁在倒于林地上的腐烂树干的软木上，建立了庞大的群落，但它们要花很多时间在树冠上搜寻食物。除了吃昆虫之外，它们还要管理蚜虫养殖场。许多木蚁的食物包括"甘蜜"——蚜虫肛门所分泌的过量的糖分和排泄物。木蚁于秋季收集蚜虫卵，在冬季把它们储存在群落中。到了春天，它们再把蚜虫卵搬到树上使其孵化，然后整个夏天管理并榨取它们。它们甚至还保护被豢养的蚜虫，使其不受掠食者攻击。中南美洲有一种被称为畸腿弓背蚁的木蚁，它与植物发展出了更进一步的共生关系，它会在雨林的树冠层建立"蚂蚁花园"。这是用植物碎屑做成的紧密、中空的球状体，里头填了土壤，卡进树干分叉处。在这种巢里，蚂蚁放了它们爱吃的植物种子——凤梨科植物、无花果、胡椒属植物，这些植物就在花园里发芽、生长。在它们所照料的植物中，有些除了在花园之外，在别处看不到，这表示蚂蚁必然把这些植物的所有种子都收集了起来，然后年年重新播种。

　　花旗松林里的木蚁为莫多克弓背蚁，是一个庞大而复杂的生态网络的中心，联结植物、其他昆虫、鸟类和哺乳动物。它们是森林里主要的土壤制造者，取代了蚯蚓，把大量的土壤移到地表，把木材纤维和掉落的针叶分解为腐殖质，再和矿物质土壤混合，使其通气并改善排水。它们参与许多植物的种子散播工作。它们吃叶蜂和毒蛾幼虫——据一九九〇年的一项研究估计，它们让华盛顿州和俄勒冈州森林中的叶蜂蛹减少了百分之八十五。林地上的每一块腐木几乎都有木蚁窝，有些窝里的工蚁多达一万只。因此，木蚁在森林总生物量中占了相当大的比重。难怪哈佛大学的蚂蚁专家威尔逊说，虽然人类灭亡会造成少数在我们腋下、腹股沟或体内生活的生物消失，其他生物则会大量繁衍，但如果所有的蚂蚁都消失了，这就会导致整个生态崩溃。蚂蚁是黄羽轴扑动鴷的主要食物，而且是灰熊六月中旬到七月底的营养来源。

由于熊是杂食性动物，从臭菘、荨麻到大角羊，它们什么都吃，它们的栖息地非常广，北美洲从南到北，从西到东，都曾经是它们的漫游范围。一只灰熊需要很大的区域作为它的家，但人类正越来越多地侵入它的栖息地。今天，大多数灰熊都在山区活动，但以前平原上也有大量的灰熊，东到北美洲东岸，南到得克萨斯和墨西哥，它们到处以野牛为食。魁北克和拉布拉多北部都曾发现过灰熊的头骨。

灰熊的祖先曾经确实跨越了白令陆桥，它们是在上一次冰河时期的高峰之前，跟着迁徙的驯鹿和野牛群通过的。在阿拉斯加沿海的威尔士亲王岛上的一个洞穴里，曾经发现了三万五千年前的灰熊骨。沿着整个太平洋海岸，沿海原住民和欧洲人都以熊的故事来向自己解释或吓唬自己：白熊、黑熊、蓝熊、棕熊、灰熊。熊大到当它们爬上山时，拨下来的泥土会造成河流改道。熊变成人、熊变成岛屿。从北方来的熊以后脚走路，留下了像神秘人一样的脚印。脚印中的脚掌和脚趾一样长。一八一一年，戴维·汤普森划着独木舟从阿萨巴斯卡河顺流而下，他看到熊的脚印，认为那一定是长毛象的脚印。他的原住民向导所称的"萨斯科奇"，其实是山区野人的意思，被他翻译成"长毛象"。

当花旗松种子静静地落于林地时，在我们这棵树的基部附近，一只过去三天来一直在磨腐木找木蚁吃的母灰熊，突然往上跑，到山上的草地那儿大啖蓝莓。大型动物很少长期居住在老熟林里，林地上杂物太多，很难活动，而且又阴又湿，也不适合草食性动物在此觅食。黑尾鹿和美洲赤鹿喜欢高处的草地，因此，灰熊也跟着喜欢。然而在夏季期间，大熊主要以植物为食，深入凉爽的森林中，找寻溪边的蕨类植物和毛茸茸的北美独活来吃。但它们因为没有像鹿和美洲赤鹿等反刍动物一样的消化道，无法反复消化食物，所以一天要吃四十五千克的植物才能保持健康。对小母熊而言，那几乎是它体重的三分之一。这就是为什么它会改吃蚂蚁，或是机会出现时，就吃老鼠、田鼠和道氏红松鼠以补充蛋白质。

当鲑鱼开始回到它们出生的河流时，从八月下旬到十一月，这只母熊就成了渔夫。鲑科鱼类——在太平洋西北部共有九种：红大麻哈鱼、大鳞大麻哈鱼、银大麻哈鱼、细鳞大麻哈鱼、大麻哈鱼，以及山鳟、金鳟、阿帕切鳟、硬头鳟——是溯河产卵洄游的鱼类，即成鱼在海洋中生活，每年回到淡水溪流中产卵。

鲑科鱼类在北纬四十度地区的沿岸共有九千六百个个体品种或种群，每个种类中的数亿只成员，从流入太平洋的一千三百条河流和小溪里逆流而上。当鲑鱼回到它们出生的水域时，整个森林群落都大快朵颐。从海豹和虎鲸在海湾和河口捕食它们，到鸟类和哺乳动物所发起的进攻，一直延伸到它们产卵的砾石区，鲑鱼和它们的卵以及后代喂养了无数的其他生物，包括人类。

在我们这棵树附近的溪流里产卵的细鳞大麻哈鱼特别适应老熟林，那里浓密的树冠遮住直射的阳光，让水保持低温状态。以腐败植物为食的细菌、真菌和无脊椎动物可以作为孵化后的鲑鱼苗的食物。水中的倒木和枝条不只会成为水流的小障碍，增加水流含气量，还会创造柔软的沙砾沉积床供鲑鱼产卵。森林树木的根抱住土壤，使可能会堵塞干净砾石床的侵蚀作用受到抑制。鲑鱼需要森林，当树林被砍光时，鲑鱼的数量就直线下降。

沿海的花旗松林为温带雨林，那里的土壤富含矿物质但缺氮，缺乏氮是限制植物生长的常见因素。然而这里的树和热带雨林一样，长得又高又粗。氮有几个来源，大部分来自空气，细菌和植物把空

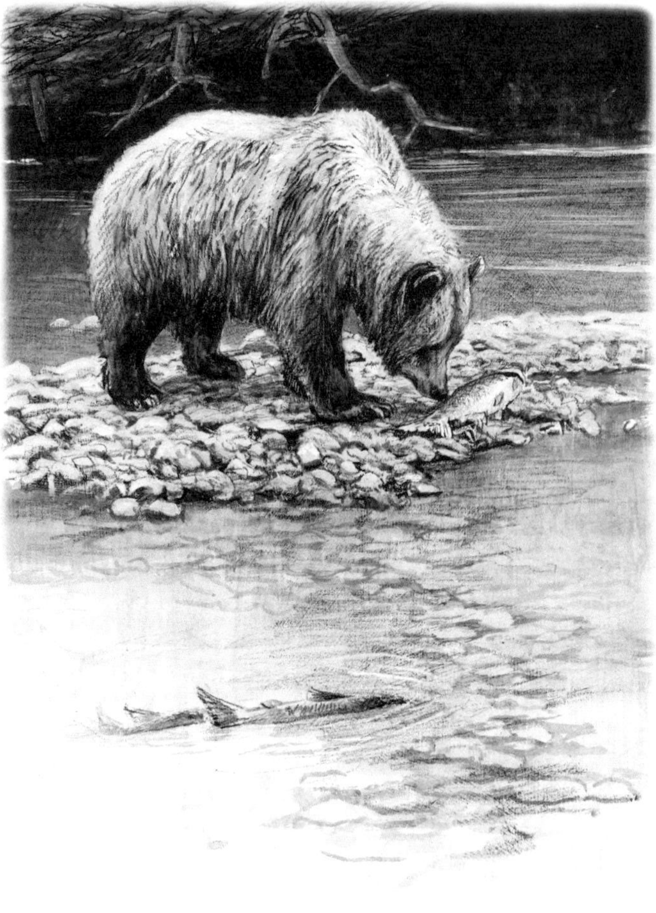

鲑鱼溪畔的灰熊

气中的氮固定于土壤中，或是来自长在树上的地衣。但花旗松林还有很重要的一部分氮来自海洋。

来自陆地的氮具有同位素 ^{14}N 的特征。在海洋中，较重形式的氮，^{15}N，则比较常见。位于不列颠哥伦比亚省的维多利亚大学的生态学家汤姆·莱莫什，一直在追踪鲑鱼和氮的海洋同位素的命运，这二者都从海洋行进到森林。有五种鲑鱼（大鳞大麻哈鱼、银大麻哈鱼、红大麻哈鱼、大麻哈鱼和细鳞大麻哈鱼）在离开它们出生的河流后，会在海洋里生活二到五年，它们进食生长，在身体组织里累积 ^{15}N。回到淡水中产卵时，它们被渡鸦、白头海雕、熊、狼和其他动物，诸如昆虫和两栖动物所食，然后这些动物再把富含氮的肥料排放在森林里的各个地方。熊大部分在夜间进食，它们是独居动物，会把鱼带到离河边二百米的地方独自享用。熊喜欢吃最好的部位——脑和腹部，然后再回到河边抓另一条鱼。在一季之中，一只熊会把六百到七百条鲑鱼尸体散布于整个森林，并沿路大小便。鸟类和其他动物则把 ^{15}N 散得更远。莱莫什发现溪水和河流边的植物富含 ^{15}N，并证明了树木每年年轮里 ^{15}N 的含量和当年鲑鱼洄游的规模具有相关性。沿着溪畔和河谷，鲑鱼形成了一条大动脉，每年给森林供应氮。

甲虫和蛞蝓吃熊留下来的鲑鱼尸体，寄蝇、麻蝇和丽蝇则把卵产在腐烂的鲑鱼肉上。不出几天，每具尸体的残肉上就爬满了蠕动的蛆。这些幼虫一旦长大，便掉落在林地上，在那里钻洞，躲进蛹里过冬。到了春天，数十亿只飞蝇出现，正好赶上北方鸟类的迁徙。鸟吃了大量载有 ^{15}N 的苍蝇。蜣螂把熊和其他狼的粪便埋在森林的腐叶堆里。同样，许多鲑鱼在产卵之后就死亡，沉入河底，很快就被覆上厚厚一层真菌和细菌，然后真菌和细菌反过来又被水生昆虫、桡足动物和其他无脊椎动物吃掉。当小鲑鱼从砾石中出现时，水中充满了可以吃的生物，这些生物含有来自它们父母的丰富的 ^{15}N。莱莫什生动地展示出森林和鱼彼此相互需要，在一个独立的、相互依赖的系统中，将空气、海洋甚至于整个半球联结起来。

// 树冠层上的住民

在鲑鱼洄游的高处是浓密的树冠层，蚂蚁和一大群其他的生物就占据在此处，我们可以称之为地球的高楼层，这里有点像盘踞在离森林地表六十米高的仙境。花旗松每年约有三分之一的针叶会掉落（可能有两千万枚），其中有许多掉到地上，但也有不少落在宽广的高层枝条上，并留在那里。几年之后，这些针叶堆形成相当大的垫子，厚达三十厘米，总覆盖面积达数百平方米，上面聚集了许多生物，它们和森林的地表生物一样，忙着把植物屑转化为土壤。然而树冠上的杂物堆和森林地表上的不一样，它们会被暴露在阳光和雨中。最后，树冠层里腐烂的垫子变成肥沃的土壤，庇护整个由植物、脊椎动物、真菌和昆虫所构成的群落，完全独立于地表之外——它成为一个独特的生态系统，一个最近才为人所知的生态系统。

这个美丽新世界的中心是那些属于节肢动物门的动物。地上的节肢动物，我们大都把它们叫作虫：蜘蛛、螨虫、马陆和昆虫。昆虫有三对腿，从每一节都有一对腿的多节动物演化而来。经过数千年，前几对腿演化成颚和触角（在黑腹果蝇的突变中，触角又变回从头部穿出的腿，揭示出该物种祖先的起源）。节肢动物有数百万种，最近的研究发现，花旗松林的树冠层里就有多达六千种，其中至少有三百种是新种，这使其成为亚马孙雨林以外的最大的物种多样性种源库。有些物种，如微小草螨，在南美洲、北美洲都未曾被发现，只有在日本曾被发现。还有一些物种在地球上已经找不到了。每棵树都有自己特有的昆虫群落，这是一群丰富而多样的野生生物，包

括所有所谓的"植物依赖集团"：掠食者、猎物、寄生者、食腐者，甚至"观光客"——例如蚂蚁，它们住在地上，只是路过而已。在某些案例中，例如在热带雨林里，整个物种就局限在单棵树上的单个垫子里。每当一棵树倒下，数十种独一无二的节肢动物就跟着灭绝。

土壤是陆地上的海洋。土壤和海洋都是光合作用生物的摇篮，它们也都被节肢动物所主宰。海洋中的节肢动物是甲壳纲动物——蟹、虾、龙虾，和各种水蚤、虱、沙蚤。在土壤里，节肢动物的位置上填满了蜘蛛、螨、甲虫和跳虫。在树冠的垫子里，蜘蛛是主要的掠食者。有些只有二十毫米长，以丝状蛋白质建造复杂的网子，捕抓蝇、蛾和同是住在垫子里的七十二种地螨。螨是微小的生物，在森林群落里的主要功能为分解植物碎屑，使其成为腐殖质。跳虫为弹尾目生物，其族群虽小，但也出现在这种土壤中。螨和跳虫在各种土壤中挖掘自己的通道。在露天草地上，两立方厘米的土壤中通常藏有多达五十只螨和跳虫；而在森林里，有着厚厚的落叶堆保持湿度并且还拥有许多开放空间，其数量可能是露天草地上的二倍。在树冠上的垫子里，其环境更接近于露天的田野，其密度与草地相当。

螨有四对腿，属于蛛形纲动物，而跳虫有六条腿和一对触角，比较像昆虫而非蜘蛛。约翰·卢伯克爵士是达尔文的邻居，有时候也是协作者，他对跳虫的主要运动方式非常着迷，于一八七三年最先这样描述跳虫："下腹有一叉状器官，从尾部附近开始，大多数向前伸到胸部。"受到惊吓时，跳虫会把这有力的器官放开，跳到空中，有时能跳十五厘米高，相当于人类一跳就跳了六个足球场那么远的距离。卢伯克把跳虫归为昆虫，但这只因它们有六条腿。他补充说，未来的昆虫学家一定会认为它们是其他东西。美国自然学者霍华德·恩赛因·埃文斯同意这点，从其跳板运动方式来看，"它们似乎代表了一个六足动物的不同而独立的尝试"。其下腹分为六区，而非真正昆虫的十一区，它们缺少昆虫纲动物的某些体内特征。然而，蝾螈才不管它们是什么东西，至少在陆地上，蝾螈无论如何都会吃掉它们。在树冠层上，跳虫和螨、蜘蛛会被大型蜘蛛所结的球状网抓到，或为红胸䴓所食。

鸟粪、啮齿目动物的排遗物、蜕下的蛇皮、昆虫的排泄物、新鲜植物体、加工完成的腐殖质、雨和阳光，制造出肥沃的土壤。事实上，这土壤非常肥沃，以至于花旗松自然地从枝条上长出"不定根"以吸收养分。在石炭纪时期，当时根茎型的蕨类植物正要转变成树，根从躺在地上的枝条上冒出芽来——它们的枝条在地上伸展，而非向空中伸展。在森林树冠层的垫子中，埋在垫子里的顶端分生组织发育成根而非枝条。这些根的作用和地下根的作用完全一样，它们吸收空中土壤里的水分和矿物质，并产生支撑固定作用。地下土壤里的氮是通过数百年前红桧木里的细菌的固定而形成的，而红桧木早已消失，当土壤里的氮渐渐用尽时，这些埋在空中土壤里的新根适时发挥作用，这或许不是出于偶然。

这次，氮来自地衣。在老熟林里，花旗松枝条的上侧如果暴露在空气中，它就会被覆上一层厚厚的黄绿色地衣（枝条下侧的阳光较少，通常长满了苔类和藓类）。树冠层上的地衣和树的关系可以看成是地下菌根真菌网络的空中版，这两种方式的功能相当类似，组成它们的物质也差不多一样。

地衣不是我们所认识的普通植物，它由两种与植物相关的生物构成——真菌和藻类。地衣是一株真菌包住一株藻，两者共同运作，成为一个单一的实体。因此，它是一种活化石植物，直接联结到原始海洋光合作用者，它们在原始海洋中开启生命把氧气填入地球的大气中，后来爬上陆地，成为维管植物。地衣是藻类适应陆上生活的另一条演化路径，其中约有三十七属的地衣与十三目的子囊菌，即带"囊"的真菌，形成了共生关系。真菌有根，可以吸水，藻类则进行光合作用，为这种生物的两个部分提供食物。它们相互结合，成为一个生物，分享彼此的功能和产物。这种共生关系非常成功，因此全世界有将近一万四千种地衣，它们生存的栖息地非常广，从南极洲到热带地区都有，它们也适应不同的气候，从沿海雨林到高山草地，它们也存在于从卵石、木造建筑到昆虫背部的每一种基质上。

地衣是极好的共生教学课程。一种真菌以其菌丝包住藻，菌丝尖紧紧地压在藻的细胞壁上，以微小的指头，即吸器，穿入细胞。藻通过光合作用产生糖分，真菌取走一部分——通常留下足够的糖分让藻细胞维持生命——还把水注进细胞里。真菌为藻遮阴，使其不受太强烈的阳光的伤害，并强化其光合作用的表面。到目前为止，这一切全都是共生关系。然而，在某些案例中，真菌拿走太多的糖分而导致藻细胞死亡——地衣之所以生存，只因藻细胞的繁殖速度比真菌杀死它们的速度还快。严格地说，这并不是互惠关系，更精确的说法是"控制性寄生"。

长在花旗松林冠层的地衣是俄勒冈肺衣，或称莴苣地衣，为一种肺草属植物——枝干上部是肺衣，底下是苔类。我们称之为肺衣是因它们的组织很像肺的内部，而且它们经常被作为治疗肺结核和气喘等肺部疾病的药。普林尼的《自然史》的十七世纪的英文译本中写道，地衣"对治疗破裂或皲裂有神奇效果"。一公顷的老熟花旗松林可以支撑上吨的肺衣，其真菌控制着绿藻和蓝藻。地衣靠小钩子附在树皮上，当雨水从枝条往树干流时，地衣就加以拦截，抽出水中的氮，然后把水放掉，任其流到地上。当地衣死亡时，它就从树上掉下，落在树冠的垫子上或地上，这两种方式都会把地衣所积存的氮释放到土壤里。地衣取代了红桤木，成为有效的氮素固定者。地衣每年向每公顷森林供应高达四千克的氮——森林所消耗的氮量的百分之八十。地衣也就成为花旗松林群落的生物链里的重要一环。

现在，我们这棵树高达八十米。它的第一分枝长在四十米处，分枝的基部厚度为四十厘米，在成熟的森林里散布出宽广的锥状树冠。这片老熟林已经接近三百年了。这里一直经历着干旱与洪水，饱受着大量昆虫的侵袭，也承受着暴风雨的冲击。冬季愈来愈冷。树冠的垫子支撑着数以吨计的湿雪，它们对枝干所造成的压力似乎在逐年增加。根部在极为湿冷的状态下过冬。一两根枝条已经断落，树干上所留下来的树洞开始软化，成为真菌和昆虫入侵的通道。我们已经知道，树实际上无法抵挡这些侵袭，它只能隔离受害部位，重新调整养分通路，并封锁入口。一旦发生入侵事件，它能暂时加以控制，却无法复原。我们这棵树现在正怀着迈向死亡的种子。

第五章

▓▓▓▓▓ 死亡

　　树虽然死了，它的生命却还没结束。……即使树已经停止了所有的新陈代谢活动，它也不会倒，而是以枯立木的方式矗立着。……在大自然中，死亡和腐烂支撑着新生命。

这棵孤零零的树！——鲜活的生命

缓慢生长而不易衰老，

其造型和外观是如此壮丽

而难以被摧毁。

华兹华斯《紫杉树》，一八〇三年

到目前为止，树跻身地球上最长寿的生物之列。有些针叶树，如北美红杉和较南端的巨杉，可以活到三千岁——一八八〇年，缪尔声称他在一个巨杉的树桩上数到了四千道年轮。北美洲最老的树是一棵狐尾松，它现在位于加利福尼亚州的因约国家公园，可能有四千六百岁了，大家以《旧约》中长寿的玛土撒拉称之。一九五八年，一名来自亚利桑那大学的生物学家在同一个公园里发现了十七棵四千岁以上的树。墨西哥查普特佩克的一棵柏树被认为超过了六千岁。日本屋久岛上的一棵柳杉通过碳素测定年代法，被判定为七千二百岁。热带树没有年轮，较难测定年纪，但加那利群岛上的龙血树，一般被认为超过了一万岁，而澳大利亚有些苏铁（同为裸子植物）被认为有一万四千岁，而且还活着，虽然某些专家宣称这过度夸大。

既然树是如此长寿，那我们这棵树才五百五十岁就老态龙钟，这似乎有点惭愧。但它的生存环境和那些长寿的同侪比起来，没那么优渥，它活在湿冷的气候里，需要耗费大量的能量。由于树干的周长、树冠以及枝条的长度和高度每年不断增加，树每年的生长量也就必须逐年增加。在植物学中，这个现象称为红皇后效应，树必须愈长愈快，才能保持不退步。新芽需要水分供应，其位置一年比一年远。春季的生长量逐年增加，而新生部位成为昆虫侵袭的标的，于是在冬季须医治的伤口也就逐年增加，而且要在它们成为鸟、蚁和腐木性真菌的入口之前进行治疗。如果没有这些侵扰，我们的树就可以永远活下去，但在森林里，它不可能避开这些问题。

除了昆虫侵袭之外，就目前所知，花旗松还容易受到三十一种其他植物攻击的影响。这些大都为真菌疾病，如褐色干腐病或花旗松落叶病。对这些疾病不可掉以轻心。和菌根真菌一样，病原性真菌通常专攻于单一的寄主物种，而在极端的环境下，它可以把该物种在地球上的每一个个体都消灭掉。美国榆以前是北美洲城市景观的代表，它被一种甲虫所携的真菌攻击而一病不起。曾经在东部落叶林里最受欢迎、最华丽的美洲栗，则是另一个具有代表性的例子。该树的分布范围从缅因州到亚拉巴马州，其树干直径达四米，树高达四十米。其果可食，裹着褐色、像苏联人造卫星似的毛刺，秋季落果，冬季供人捡拾。"我喜欢捡栗子，"梭罗在一八五六年十二月的日记里写道，"只是为了感受大自然送给我的丰厚礼物。"东部人以烤栗子作为冬天固定的主食。"整个纽约都在捡栗子，"梭罗补充道，"栗子不只被用来喂松鼠，它还是车夫和报童的食物。"然而，在该世纪结束时，一种庭园栗树苗自亚洲进口，这些树苗带有栗疫菌，它会引起茎腐病。这种真菌对本土的栗树具有毁灭性的影响，不到五十年，几乎连一棵美洲栗都看不到了。

在西海岸这边，引起根腐病的真菌有许多种，例如，松干基褐腐病菌会引起层状根腐病，对花旗松的危害特别大，虽然它也会感染大冷杉、太平洋银杉、亚高山冷杉和高山铁杉。这种真菌通过树木的根部传染，从已感染的树，通过树与树的根部相互交叉、生长在一起的地方，传给另一棵树（而非菌根合作的方式）。接种源会侵入树的活形成层，往上传布，离地不超过一米，但感染后的初期病征却一直蔓延至树冠，整棵树显得发育不良而偏黄。在感染后的一年内，球果开始发生不熟就落果的现象，这表示该树的繁殖年已经结束。

当入侵者长满之后，低处树干的树皮似乎永远潮湿、暗淡、呈水浸状，好像这棵树得不到温暖和干燥似的，的确这棵树无法得到温暖和干燥，因为真菌已经把它的木质部和韧皮部的通道塞住，阻止食物和水分的运送。腐烂处渐渐扩大，一旦渗入根部，树的木材就会变成树浆，而低处树干的年轮会开始变成一片片的，相互剥离，宛如圆弧状的页岩一样。没多久这棵树就会死亡，但它还会当个枯木矗立好几年。枯立木没有叶子，成为鸟类的理想栖所，它们可以观察四周是否有猎物或掠食者出现。一旦被感染，一棵千年老树只要二到三年就会死亡。树失去了强壮的根，无法抓住地面，强风一吹便应声而倒。

多年异担子菌会引起干基腐朽病，这种真菌的孢子常年在空中飘，能够通过树木根部和茎部的伤口入侵——枝条掉落后的伤口、邻树倒下所擦撞的伤口、啄木鸟啄出来的伤口。这种真菌一旦入侵，就会慢慢地把树木的心材腐蚀为白色纤维块，其周围裹着海绵状的外壳。最后树干就被掏空了，通往根部的养分供应路线被入侵者截断，根部死亡，树倒下了。

这棵树的枝干可能已经感染了花旗松落叶病，它由皮裂盘菌属所引起，起初只是在该树春天新叶的叶背上显现出微小黄斑。当年不会发病，但冬季时，随着真菌孢子把菌丝探入气孔并偷吸针叶的冬天汁液，黄斑转为暗赭色。很快，除了最新的叶子之外，树的针叶全部掉落，而新叶上同样带着不祥的黄斑。在夏末之前，这批新叶同样会自动脱落。一旦被感染，树就死定了。

对观察人员来说，花旗松矮槲寄生所引起的症状最为明显，这种矮槲寄生只长在花旗松上。它是一千种常见的绿色寄生植物中的一种。根据欧洲传统，有些人在圣诞节时喜欢在其下方接吻。鸟类很喜欢槲寄生的浆果，从而以排泄物为其散播种子（槲寄生的英文mistletoe 来自德文 mist "粪便"和古英文 tan "细枝"，即一只鸟将粪便拉在小树上，一两年之后，人们就可以在下面接吻了）。东部的变种黄叶槲寄生，生长于新英格兰南部的密枝上，横跨长度达一米，而矮槲寄生一如其名，很少大于二或三厘米。它是完全的寄生型，无叶绿素，雌雄异株。春天时，雄株会从长着雌株的树上散布孢子。到了秋季，雌株长出带有种子的深褐色或紫色浆果，当浆果成熟时，雌株靠着隐藏式弹簧，把果子弹到十五米外的邻树上。种子被包在黏浆里，可以黏在寄主的树皮上，种子一旦发芽，就把微小的吸根，也就是吸收养分的分支，伸进寄主湿润的韧皮层里，开始吸食。吸根由于从寄主那里吸取了大量的水分和养分，胀得非常大，这导致树木的受害部位变形、扩大。一旦被病毒侵入，所形成的一环细芽条（雄株），就使得树木更加衰弱。如果幼树被暴风雨折断的话，通常它会从槲寄生向上长芽条的地方折断。有时候我们称此景象为女巫的扫帚，因为剩下的部分看起来就像一把手柄被插在地上的扫帚一样。

// 青草人

花旗松槲寄生和花旗松、道氏紫菀、道氏龙胆、道氏卜若地、道氏荞麦及道氏洋葱一样，都是一八二五年戴维·道格拉斯第一次在太平洋沿岸进行植物探勘时所采集的物种。太平洋沿岸的原住民称他为"青草人"。当地人虽然一开始认为他很可疑，但后来知道他不会伤害人，就随他去了。他眼力很差，经常跪在森林的空地上，对着空无一物的东西兴奋地大喊大叫。他于一七九八年生于苏格兰的珀斯，年轻时曾经在夫法区的邓弗姆林附近担任罗伯特·普雷斯顿爵士的园丁，当地现在依然热衷于观赏用草，一八二〇年，他在格拉斯哥皇家植物园当威廉·杰克逊·胡克的学徒。三年后他以采集员的身份加入了伦敦园艺协会，并三次奉派到北美洲来。这次是他的第二次行程，在茫茫大海中昏天暗地地航行了八个月之后，他下船进入了哥伦比亚河的河口。"真的，"他在日记中写道，"这是我这一生当中最快乐的时刻之一。"

如今要进入这片广大的森林，他发现，他根本就没做准备。他记下他所发现的糖松，这是全世界最大的树之一。一株倒下的标本高达七十五米，基部周长为十七米。离地四十一米处，树围还有五米。为了保存活球果，他相中一株直立着的活标本。"由于我爬不上去，也没办法砍倒这棵树，我只好开枪将它们射下，我的枪声引来了八名印第安人，他们个个都以红土文身，带着弓、箭、骨矛和石刀。"道格拉斯冷静地向他们解释他要找的是什么，没多久，这八个人就帮他采集球果。

他碰到花旗松的过程没有那么戏剧性，但同样令人难忘。"树高得出奇，"他写道，"非常笔直，具有冷杉属所特有的锥状树型。这种树群聚或独自散布在干燥高地薄薄的石砾土壤上或者多岩石的环境中，树上悬着宽广的枝条，将土地厚厚地盖住，在这样的地方，这些树是如此巨大，而它们保持紧凑的习惯又如此一致，它们是自然界中最令人惊艳、真正优雅的物体之一。"森林里的树长得更高，但爬不上去，因为它们最低一层的枝条位于四十二米高的地方。他量了一棵倒下的标本："全长六十九米，离地一米高的树身周长为十四点六米，离地四十八米高的树身周长为二点二三米。"在哈得孙湾公司一栋大楼后面就有一棵树桩，其离地一米处的周长为十四点六米，没有树皮。"这棵树被烧掉了，"他写道，"以腾出空间给更有用的蔬菜——马铃薯。"

一八二九年到一八三四年是他的第三次也是最后一次行程，他把基地设于温哥华堡（现在华盛顿州的温哥华市）。这次，他的视力恶化得相当严重。他请人带植物给他，他自己也会带一些，这些植物大都以独木舟沿着锯齿状的海岸运送。两年后，他决定经由西伯利亚回到英国，由一名向导带领，他带着所有的标本和笔记，坐着独木舟沿着内海航道往北走。他们一直走到了弗雷泽河，但他的独木舟在此翻船，他遗失了四百份标本，还差点丧命。回到温哥华堡后，他决定走安全的路线回家：取道夏威夷。他在夏威夷待了十个月，本来还可以待得更久，但一八三四年七月十二日，他在采集植物的途中，跌进了动物陷阱，被一只发狂的野猪用犬齿刺死。那时他才三十六岁。当时科学界所知的九万二千种植物，由道格拉斯发现并采集的就有七千种。

// 枯立木与斑点鸮

树木结子高峰的次年是歉年，因为它已经精疲力竭了。其所储存的碳水化合物大都被种子带走，在一个真菌菌根的群落里，如果有二到三棵树在同一年大量结子，整个群落就会被消耗殆尽。在春天，新针叶尚未长出来之前，淀粉储存室就已经空了。而当年夏季干旱，加上过热，蒸发率很高，阳光过强，这些都会抑制光合作用，让新针叶生长不良、新芽成长缓慢、生长素产量低所造成的问题更加恶化。接着，冬季所带来的低温期，使零下十摄氏度的气温延续了一到数周，树可能会虚弱到撑不过去。树并不是被某个敌人杀死的，但很少有树能够抵抗住连续几年的一连串的、集中的、从各个方面同时袭来的压力。

那是一八六七年，这一年，墨西哥皇帝马克西米利安被处决；俄国以七百万美元把阿拉斯加卖给美国；卡尔·马克思出版《资本论》；意大利红衫军在加里波第的领导下二度进军罗马失败；加拿大自治领依据《英属北美法》成立。尽管我们的树有化学兵工厂的防护，但当针叶在春季里显现出警告性的橘色时，这也并不令人意外。最有效的杀死病原体的化学药剂是开花植物所生产的，开花植物就是被子植物，它们在根腐性真菌和食叶昆虫出现在演化舞台上之后，才演化出来，并大量繁衍。演化的过程是，裸子植物先出现，接着出现吃裸子植物的昆虫和真菌，然后再出现被子植物，它们在竞争中远胜于裸子植物，因为它们会生产次级化合物，这既能吸引也能驱逐昆虫和真菌——它们主动控制敌人，而不是靠敌人手下留情。数个压力同时出现的不幸巧合，使我们这棵树的免疫系统弱化，让昆虫和真菌病原体得以越过边界的安全关卡，蔓延到首都。我们这棵树已经签下了自己的不平等条约。没有一棵树会因年老而死，更没有一棵树能长生不死。

氮是限制树木成长的主要因素，死亡是由于长期缺氮。氮也是昆虫想要而真菌拥有的东西。因此，当树遭受昆虫或真菌或二者的攻击时，它的第一个本能就是保护氮。当一枚针叶变为橘色时，树会放弃去救这枚针叶，而选择去救叶子里的氮，把氮送到其他尚未感染的部位。我们承认这于事无补，但树里面只要还有活细胞，它就会继续挣扎。

在某种程度上，努力去拯救一枚针叶是一种不必要的能量消耗。老针叶会掉落，长出的新针叶却更少。昆虫幼虫啃食新芽；真菌散布到心材里，并向下传到根部。我们这棵树在真菌把通道堵塞之前所做的最后一件事，就是将其仅存的次级化合物，也就是其化学兵工厂，通过菌根真菌送到根部，并传到邻树的根部，其中一些应该就是它自己的后代。在这场令人鼻酸的戏剧中，我们的树即将死亡，但它把剩下的化学武器搜集起来，送给群落，从而使它未来的基因有些许改善，在面对入侵者时，有更佳的防卫机会。

死亡是树木生命循环的一部分。树木的生长，会把活形成层变

成死掉的心材。许多生物也展现出类似的死亡—存活循环，例如在人类的胚胎中，依照生长计划，某些在生长中的肢芽里的特定细胞会死亡以形成凹口，最后成为指头中间的空隙，而蝌蚪尾巴的细胞则在死亡后被吸入变形中的躯体里。我们这棵树的生存策略是以次级化合物填满心材中的细孔，以防止腐烂，但这种策略不是永远有效的，昆虫甚至真菌的演化速度比树还快，并且它们还建立了许多突破这种化学防线的方法。细胞壁被破坏，系统耗竭，树体一环又一环地被真菌侵入而转红，成为一层湿树浆。树即使处于最活跃的阶段，也只有大约百分之十的部分是活的。死亡就是这个比率逐渐下降的结果。

然而，树虽然死了，它的生命却还没结束。树没有明确的死亡时刻，动物则有：咽下最后一口气时，或是心跳停止、脑部缺氧时。即使树已经停止了所有的新陈代谢活动，它也不会倒，而是以枯立木的方式矗立着。其中心，有的部位成为海绵状，有的部位则空了，但周边还有不少良木。只要树的直径中有百分之十的木头是实心的，活树就可以保持立姿。一棵直径为三点五米的空心树，只要它的树干壁有十五厘米厚，它就能笔直地站着。枯立木所需要的健康木材更少，因为它没有枝叶，不会受风。在暴风雨中，枯立木就像一艘把帆收卷起来的船。因此，枯立木提供安全的天堂给许多鸟类、昆虫和其他动物。北美黑啄木鸟在树干上啄出庞大的椭圆形洞穴，我们并不清楚它挖洞究竟是为了找蚂蚁吃，还是知道在枯木上挖个洞，迟早会招来蚂蚁。有些洞被筑巢的茶腹䴓占用。有的则被飞鼠当成进入树内中空部位的入口，这解释了为什么库珀鹰和北方斑点鸮要栖身在枯立木的残枝上：寻找它们的下一餐。

北方斑点鸮体形中等，雄鸮平均体长四十八厘米，雌鸮则为四十二厘米。它们上身为巧克力棕色，下部为白色，头部、颈部和翅膀上有白色斑点，喉部、腹部和尾巴的下部有棕色条纹。它们眼睛的边缘有一圈暗色的框，看起来好像多年没睡饱似的。它们不迁徙，全天候住在老熟林里，夏季和冬季的食物不同。我们已经知道它们会猎食三十种哺乳动物和二十三种鸟类，还吃蛇、蟋蟀、甲虫和蛾。在夏季里，从黄昏后到天亮前半小时左右，它们栖身于枯立木上，抓飞下来挖松露吃的飞鼠；在冬季里，它们会飞下来抓在雪地上探险的兔子，以及经常出没于主枝和树冠层里的小型啮齿类动物。它们常常把猎物的头咬断后储存在树洞中——脑部是养分浓缩球。

北方斑点鸮除了在枯立木上栖息并储存猎物之外，还在上面筑巢，并搜寻枯立木里的穴居猎物。结果，北方斑点鸮几乎要完全依赖老熟的针叶林，它们有百分之九十五的巢建在二百年以上的树林里，其余百分之五则建在老熟林旁边的次生林里。它们的地盘很大——在北方的森林里，猎物不丰富，每对斑点鸮的地盘广达三千二百公顷。它们把巢筑在雷击过的中空树干里，或是毁损的枯立木里，有时则在飞鼠不再使用的啄木鸟洞里，它们杀死飞鼠并占用其巢穴。它们也会利用苍鹰弃置的巢，或是自己在矮槲寄生丛上筑巢，但这种巢的结构不良。

北方斑点鸮每年都会回到同一个巢，直到巢坏了才另觅新巢。雌鸮于四月初产下二到三颗蛋，每颗蛋相隔三天，并负责所有的孵育工作，雄鸮则负责觅食。父母双方都会保护鸟巢——渡鸦会来偷蛋，苍鹰也会来吃雏鸟。除了巢里的寄生虫之外，斑点鸮没有天敌。据悉，有些斑点鸮会把活蛇带到巢里去吃寄生虫，并吓阻渡鸦和鹰。六周后雏鸟的羽毛长成了，到了十月它们就准备离巢寻找它们自己的领域，通常离母巢二百千米，这就是为什么广阔且连绵的大片老熟林对它们的生存如此重要。它们很少在开阔地或火烧后的区域里觅食，只有在找不到它们所习惯的栖息地时，它们才不得不经常往新生林里跑。在冬季里，许多当年生的雏鸮会因缺乏食物而饿死。

斑点鸮是由匈牙利移民约翰·克桑图什·德韦谢伊在一八六〇年描述并命名的，德韦谢伊于一八五五年加入美国陆军，驻守在加利福尼亚半岛南端的圣卢卡斯角，该部队奉命到美国西部探勘并绘

制地图。德韦谢伊担任潮汐观察员，同时为成立于一八四六年的史密森学会采集标本。当时斑点鸮的分布范围很广，向南一直延伸到墨西哥。德韦谢伊发现这种鸟非常温驯，他在报告中写道，他可以走近一只斑点鸮，而不会把它吓跑，但这是一个不祥的特点，因为这种行为就是绝种的渡渡鸟和大海雀的特征。在他向全世界介绍第一只斑点鸮之前，灭绝该物种的力量已经侵入了森林。

到了二十世纪七十年代中期，由于栖息地的丧失——大部分缘于伐木，但自然因素也扮演了相当重要的角色——原先在里头生活的北方斑点鸮几乎全面灭绝。一八八八年的一场大火把一万公顷的老熟林破坏殆尽。一九八〇年圣海伦斯火山爆发，又将另一万公顷的森林夷为平地。一九八七年的一场世纪大火把四万公顷的斑点鸮的主要栖息地摧毁。当时，美国野生生物学家估计其数量仅有数百只（现在只剩下十四组繁殖对在加拿大，全都在不列颠哥伦比亚省），并强烈要求负责木材市场保有稳定林木供应来源的美国林务局，在已知的斑点鸮栖息地附近，划定老熟林保护区。有些保护区在工业界的反对声浪中建立起来，但还不够：保护区还不到总林业用地的百分之四，更不到斑点鸮生存所需面积的一半。

人类的需求，被工业技术强化、扩大，与其他物种的需求难以相容。即便斑点鸮的数量在不列颠哥伦比亚省已大幅减少，老熟林里的伐木活动也依旧在持续进行，而这里正是最后几只斑点鸮居住的地方。目前的预测显示，早在二十一世纪结束之前，斑点鸮就会绝种。由于斑点鸮是一种指标物种，当它们消失时，我们将会知道，养育它们也养育其他物种的老熟林，实际上也已经消失了。

// 大树

这件事从一场马戏团活动开始。一八五四年，一名前金矿工人乔治·盖尔，把一棵高达三十米的巨杉的树皮剥下，以一块一块的方式向东寄给巴纳姆，再由巴纳姆将它们钉回原形，以此作为"世界上最棒的表演"的一部分。东部人很少相信大自然存在这么大的树——其基部周长为二十七米，相当于当时的金刚。世人对英国水晶宫的另一场类似展览，也持同样的怀疑心态，这是从旧金山东部的北卡拉韦拉斯林中一棵还活着的树上，硬生生剥下的树皮。根据历史学家西蒙·沙玛的看法，当时这些巨树被视为怪物，"植物怪物展"，他在《风景与记忆》中写道。

在加利福尼亚州，活巨树吸引了比较正面的关注。一群群被称为朝圣者的观光客，被载到卡拉韦拉斯林来观赏那里所发现的大树。许多大树被砍掉，不只是为了提供大量的木材（五人一组的伐木队要花三周才能砍倒一棵树），还因为它们的尸体可以充作某种自然游乐园。"他们在刨平的树干表面上，建了一座双球道保龄球场（还有完整的保护盖），"沙玛写道，"一棵被砍伐的红杉的树桩，则被做成舞池。"在一八五五年七月四日的美国国庆节，三十二人在一棵树桩上跳了四组沙龙舞。

大树成了一座国家纪念碑、一种象征，沙玛写道，"兼具实质国力和精神救赎"。当时的美国正在形成大陆意识，这种意识认为国家不只是从东海岸到西海岸而已，还要从未来回溯到创世纪。树把现在和人类难以想象的过去，联结了起来。霍勒斯·格里利年轻时就跑到西部，当时还说动不少年轻人追随他，他对大树所经历的无尽岁月感到神奇不已，他写道，它们来自"大卫在约柜前跳舞、忒修斯统治雅典、埃涅阿斯从烧毁的特洛伊城中逃出"的年代。其他人观察到，即使是比较年轻的树，它们也是从《圣经》时代就开始生长，事实上，它们与基督也处在同一个时代。"此地经历了多少岁月！"波士顿的《每日广告报》的一名西部特派记者于一八六九年如此描述某棵树："它来自耶稣基督的年代，也许就在天使看到位于东方的伯利恒之星的那一刻，这颗种子就从温柔的草皮中冒出，长到九重天际。"

这些树具有让美国梦活力再现的强烈效果，因此，亚伯拉罕·林肯在美国梦最受威胁的南北战争中期，于一八六四年签下法令，把约塞米蒂划定为美国的第一座国家公园，这主要是在缪尔的力劝下，缪尔称红杉林为"圣地中的圣地"。这项法案不只保住了庞大的老熟林，还强调了这些地区应该受到保护，不得砍伐。

在更远的北方，也就是我们这棵树（现在是枯立木）所矗立的地方，来自经济的诱惑大于宗教上的因素：花旗松没有巨杉那么壮观，也比较容易砍伐，而且材质也比较好。一八四七年，英国做了一项测试，该测试发现用花旗松做成的船的桅杆要优于白松和波罗的海云杉，在此之前，英国海军一直用这两种木材做桅杆。英国海军部立刻宣布，每条十九米长、直径五十厘米的花旗松圆材，他们愿意出四十五英镑购买，二十二点五米长、直径五十八厘米的，他们愿意出一百英镑，这使得花旗松圆材的买卖比鸦片更好赚钱。

威廉·布罗奇船长登上"阿尔比恩"号，航入胡安·德富卡海峡，停靠在新邓杰内斯角，命令船员砍下价值三千英镑的圆材，不幸的是，这些树砍自美国的土地而非加拿大。当布罗奇连船带货被美国海关扣押时，他转而到温哥华岛雇用原住民工人，又砍了一百零七根圆材。然而，他的船没有了，他必须把货留在原地。布罗奇在温哥华岛担任港务长，到一八五九年他过世时，愈来愈多的企业家已经充分了解了花旗松木材的价值。在其后的十年里，约有一百五十万立方米的原木，以及木瓦、木板、木桩和三千五百根圆材，从维多利亚被运到英国、澳大利亚和拉丁美洲。一八八七年五月二十三日，加拿大太平洋铁路公司的火车把第一批乘客拉进了温哥华这座繁华的锯木城市，这些乘客发现街道被常绿树枝干做成的大型拱门所装饰，宛如圣诞节即将来临，也许，他们是在安抚树神吧。当时城里开了六十二家锯木厂，火车载着一堆木材返回蒙特利尔，要花一百三十七个小时。

// 单一生命

俄罗斯地理学家格奥尔基·费奥多罗维奇·莫罗佐夫首先提出森林是"树的群落"的想法，虽然西方世界几乎不认识他，但他是建立现代生态学的灵魂人物。莫罗佐夫于一八六七年生于圣彼得堡。

他在服役期间被派到拉脱维亚，在那里他遇到了年轻的革命家奥莉加·桑朵克，并与其坠入爱河，桑朵克鼓励他致力于农业科学，以便运用知识造福人民。莫罗佐夫选择了林学，并与桑朵克一起回到圣彼得堡读大学，他除了学习林学之外，还学习了动物学及解剖学，他对生物体的形态和功能之间的相互关系很感兴趣。身为热切的达尔文主义者，他逐渐了解到，自然是相互关系的复杂网络，植物物种之演化则是整体影响因素运作的结果，这些因素包括土壤形态、气候、昆虫、植物群落和人类活动。

一八九六年，莫罗佐夫去德国和瑞士学习森林管理学，之后回到了俄国，并从一九〇一年起担任圣彼得堡大学的林学教授，一直任教到一九一七年。他的授课内容及论文把森林管理学建立成了一门正式的植物学的分支学科。他在一九一三年出版的《森林乃是植物社会》中写道，森林是"一个独立而复杂的生命，其内部原件之间，以固定的方式联结在一起，和其他的生物一样，它们可以通过明确的稳定性被辨识"。如果稳定性改变，或被人类或气候变化摧毁（一八九一年，他亲眼见到大旱灾对沃罗涅日地区的松林所造成的冲击），森林就会受伤，而在某些案例中，它们会无法复原——而且受到伤害的不只是森林，还有组成森林群落的大量的生物，包括人类。莫罗佐夫相信，"森林不只是单纯的树木集合，而是一个社会，一个树的群落，树与树之间相互影响，从而产生一整个系列的新现象，这些现象并非只是树的特性"。植物不仅要适应新的气候和土壤条件，他指出，还要彼此适应，以及适应周遭特定的动物、昆虫、鸟类和细菌。森林是一座复杂的、达到微妙平衡的纸牌屋，抽掉其中任何一张纸牌，我们头顶上的整座结构都会倒塌。

一九一八年，莫罗佐夫患了严重的神经紊乱症（也许是对一九一七年的十月革命缺乏热忱的委婉说辞），被迫从职位上退休，搬到了气候更温和的克里米亚，在此处，他观察到俄罗斯的森林遭到了快速而毫无感觉的破坏。两年后他就死了，享年五十三岁。

正如围绕斑点鸮问题的激烈辩论所显现的那样，莫罗佐夫发出的讯息——我们无法从森林群落中抽离任何一种生物而不影响包含人类在内的其他所有成员——并没有传到西海岸木材大亨的耳朵里。如今，花旗松已是北美洲最重要的木材树种，每年被砍伐、输出的木材达数十亿板英尺（一千板英尺约等于二点三六立方米）。斑点鸮只是受到伐木影响的一个物种。身为森林管理人，莫罗佐夫了解这种恶性循环：可能的情境是，移除老熟林会造成斑点鸮的灭绝，这表示飞鼠可能增加，从而造成飞鼠的主要食物松露的短缺，于是新树所能形成的菌根真菌量锐减，结果，森林里的树木就会不健康而缺乏经济效益。因此，斑点鸮是森林健康的象征，伤害斑点鸮就是伤害整个系统。华盛顿野生动物委员会在早期召开了一个听证会，以决定是否将斑点鸮列入濒危物种。在这个会议上，一名美国步枪协会的成员表示："这不是斑点鸮的问题，这是老熟林的问题。"但他只说对了一半：森林生态并不是非A即B的命题，这既是斑点鸮的问题，也是老熟林的问题。而且，这既是人类的问题，也是地球的问题。

正如生物学家爱德华·威尔逊所观察到的那样："在过去的半个世纪期间，森林的消逝，是地球史上最深远的环境变化。"自人类发明石器以来，森林就持续消逝。两千年前，几乎所有的陆地都是树木丛生的。古罗马军团砍伐法国南部的森林，以防止凯尔特敌军躲进森林偷袭。到了一七五〇年，法国只有百分之三十七的陆地上有森林，九十年中，二千五百万公顷的森林被摧毁了。到了一八六〇年，有三千三百万公顷的森林消逝了，而且森林消逝的数量正以每年四万二千公顷的速度增长。英国更是被砍伐成了不毛之地。当道格拉斯在花旗松林里目瞪口呆地闲逛时，不列颠群岛的森林覆盖率不到百分之五——平均每人所占的林地面积小于四十平方米。英国唯一的能源就是丰富的煤矿，这是古代蕨类林的遗迹。相较之下，当时挪威的森林覆盖率达百分之六十六，平均每个国民有十公顷。英国不输克里米亚，已经把所有的树都砍光了，他们正在栽种来自北美洲的花旗松苗，以恢复消逝的林业。

从此之后，全世界都在伐木，而且近数十年来伐木量成指数级上升。根据联合国的数据，自一九八○年以来（当时正因斑点鸮敲响了警钟），全世界的森林正在以每年百分之一的速度减少。如今，北美洲西部的温带花旗松林的面积还不到原始未开发前的百分之二十，而剩下的花旗松林，大部分生长在孤立隔离的老熟林小区域中，威尔逊称之为"栖息岛屿"。其间没有野生动物廊道将它们连接起来，而且，正如斑点鸮的处境所显示的那样，它们里面的生物多样性已经在下降了。但是甚至就连这些孤立的老熟林也会被砍伐。威尔逊指出，一个生态系统丧失了百分之九十的面积时，仍然可以保有半数的生物多样性——对一个未经训练或怀有偏见的观察者而言，这一切似乎都没有问题。然而，所丧失的面积一旦超过百分之九十以上，"剩下的那一半生物多样性可能就会被一笔勾销"。而这个关键门槛很容易就能被跨越。"在恐怖的情境中，"威尔逊写道，"配有推土机和电锯的伐木大队，可以在几个月中，就让这些栖息地从地球表面消失。"

我们对林业公司要公平，老熟花旗松林似乎也会自我毁灭。这并不是森林的结束，而是群落的转型。所有在高地森林中的花旗松最后都会因长得太大而无法养活自己，或是被昆虫或真菌杀死，而把位置让给在下层耐心等候的树种，西部铁杉和北美乔柏将取而代之，成为一片顶极林。以这样的方式看待森林，也许有人会问，为什么不能让伐木工人趁这些树还有点价值时，先将其砍下，以协助此自然过程？按照这个逻辑进一步推论，老树可以被改良过的新花旗松苗代替，这些经过基因调整的树苗，所拥有的恼人的木质素较少、长得更快，而且可以抵抗一大堆病虫害。至少，这是生物技术专家和林业从业者所描绘的景象。

在一处自然栖息地中，当一只斑点鸮失去了铁杉 - 乔柏顶极林的家时，它可以另外再找一棵老熟花旗松来安家。然而，如果栖息岛屿附近的树都被砍光了，那么它便无路可去了。一个大树的种植园并不等于一座老熟林。天然的顶极林拥有各种年龄的树木，从树苗到枯立木，包括森林地表上的断枝和落叶堆，它可以支撑鲑鱼族群和所有的鲑鱼掠食者。再造林则是单一文化的林场，和生物多样性相反。正如美国森林学会在一九八四年进行的一项研究所确认的那样："没有证据显示，老熟林所具备的环境条件可以用造林的方式再现。事实上，这个问题基本上毫无意义，因为必须花二百年以上的时间才能找到答案。"斑点鸮可等不了二百年。

// 鬼行者

枯立木已经成为美洲狮最喜爱的休息场所。这是只上了年纪的公狮，它白天大都在枯立木基部打盹，下午晚些时候猎食，晚上则溜到小溪边悄悄地喝水。由于老熟林的特性，这里的大型掠食性哺乳动物并不多。黑熊和灰熊极少，且彼此相隔甚远——一只成年的雄性灰熊的栖息领域超过一千五百平方千米。早期的屯垦者和先前的萨利什人一样，住在离海较近的地区，位于山海交界处，靠海也靠陆地维生。然而，当他们的屯垦区扩大，男人有了女人和小孩，美洲狮就开始下山，抓走屯垦家庭带来的猫、狗。突然间，就像史诗《贝奥武甫》里的怪兽一样，大家几乎都未曾见过的强大掠食者，成了夜间的不速之客。

美洲狮是大型的猫科动物，公狮加上尾部可以长达二点七米。成年公狮的平均重量在八十千克左右，但曾任美国总统的西奥多·罗斯福射过一只一百千克重的，记录上最大的是一九一七年于亚利桑那州被射杀的那只，它重达一百二十五千克。它们是夜行动物，不冬眠，在森林里会从树上跳下来抓猎物。它们也被称为：山狮、彪马（印加语）、豹（在南部）和山猫（在东部）。它们在低处的树枝上等候，不论是鹿、麋或人类，只要从下面经过，它们就一扑而下，以犬齿咬入猎物的第四和第五节颈椎之间的地方，使其立即毙命。如果在开阔地域，它们会偷偷从猎物的后面接近，然后出其不意地猛烈冲刺，以肩部撞击猎物，将之扑倒在地。在交配期里（可能是一年当中的任何日子），它们在夜间会发出高音的吼声，听起来就像是一个喝了慢性毒药快要死掉的女人一样。它们让森林的黑夜充满了难以想象的恐怖。一度以猎杀美洲狮为生的加拿大自然作家劳伦斯称这种动物为"鬼行者"。他把美洲狮形容为高度进化的猎人，它"通常肃静而谨慎，但是在求爱或发怒时会发出恐怖的叫声，变得极为吵闹"。当它在森林中行走时，"它变得轻声低语，温柔优雅，比任何其他的北美洲的掠食动物都更机警"。

母狮通常在春季里产下三到四只幼狮，但有时会晚到八月才生产，其中两只幼狮可以活到成年，它们跟着母狮整整两年,学习狩猎。它们直到第三年才开始交配。公狮和母狮将共同生活一周左右，直到完成交配，然后就分道扬镳，各自建立地盘，地盘可达八百平方千米，其地点和大小每季都会随着猎物的变动而有所调整。因为一

头成年美洲狮每年要猎杀六十只鹿一般大小的有蹄类动物，所以它需要多达七百只的猎物来支撑自己，这解释了为什么它需要如此大的地盘（生态学者汤姆·赖姆诚观察到，在自然界里，掠食者捕杀一种猎物的数量从不会超过其物种总量的百分之六，然而人类认为自己可以"控制"像鲑鱼、鹿或鸭子这样的野生物种，因此人类可以吃掉它们的百分之八十或九十，并保持它们的数量）。如果猎物很丰富，一如我们这棵树附近的猎物一样，美洲狮就可以经常捕食，而且只吃肝、肾和肠子，有时它们只在动物的颈静脉上咬一道小伤口，光喝血。

// 死尸中的生物

我们这棵树作为枯立木已经站了六十二年，相继成为各种动物的家，除了美洲狮之外，还有许多啄木鸟、一只花彩角鸮，几只飞鼠、花栗鼠、花尾蝠、山雀和茶腹䴓。最后，真菌继续无情地扩散到整棵树，使支撑枯树干的根部软化，树不再坚定地固着于地，而是顺势撑着。一九二九年秋，一场暴风雨从海岸边袭来（现在那里是人口稠密区），风雨打上山脊，在活树间弹动，前推后拉地折磨着这棵枯立木，宛如舌头在推弄松动的牙齿一样。枯立木没有树皮，吸收了大量水分，迎风面吸得更多，不一会儿，基部传来一阵低沉的刮擦声，附着在深根上的砾质土脱离了静止的大地。尽管风大雨大，树上大部分的栖息者还是倾巢而出，匆匆离开，到更坚固的枯立木里寻找新的庇护所。经过几晚的摇晃，这棵枯立木已经无法保持平衡，它在风中倾倒，断裂于邻树之间，邻树下斜的枝条将枯立木引开，以防主干被撞到，直到离地三十米处，这些枝条才闪开，任笨重的枯立木掉进下面的年轻铁杉层，有几棵铁杉也跟着倒下。没人听到倒塌声。

一块树枝的碎片掉进附近的溪流中，在水里翻滚扭转随波逐流，直到在溪水大转弯处，才被卡在岸边。它半掩在淤泥里，成为鳟鱼的庇护所，也是各种昆虫的食物。其他残枝则散落在林地上，把它们富含氮的地衣送给土壤。

由于这棵树是枯立木，它在倒下之后并不会给树冠层留下缺口，倒下的木头便躺在浓密的遮阴里，很快就被苔藓和真菌覆盖，这引来一对细腰湿木白蚁。一只有翅母蚁停在枯木旁，随后跟来一只同样有翅的雄蚁。这两只白蚁都呈淡褐色，近乎透明，长约十毫米，脉纹清楚的深褐色翅膀带着它们离开位于森林另一角的出生时的群落，来到这里。降落后，它们的翅膀便掉落，它们共同在倒木里挖出一个浅浅的蚁室，然后进入室内，从里面把洞口封住，在里头交配。

两周后，母蚁产下十二枚瘦长的卵，非洲的一些白蚁每天可产三万枚卵，相较之下，这一窝就显得人丁不旺，但已足够开始建立一个群落。其幼蚁会成为两种不同的阶级：繁殖蚁和兵蚁。它们共同执行群落里的所有工作，主要是在枯木里挖掘错综复杂的隧道系统，以及把食物带回来给皇后和国王。来年春天，繁殖蚁到群落的偏远处产卵，而皇后也产下另一窝的十二枚卵，这个过程一再重复，直到这个群落有四千只蚁为止。因此，群落里的所有成员都有血缘关系，整个群落又分成几个小家族。兵蚁负责防止木蚁和其他白蚁进入群落地道，它们用庞大的头部及有力的锯齿状上颚把通道挡住，并将不受欢迎的入侵者从腰部切为两半。

白蚁是社会性食腐动物，它们以加速分解的方式，减少林地上的腐木，从而让土壤尽快获得养分。它们吞下木材纤维，但无法消化。但其内脏带着一群微生物，它们可以破坏纤维素并产生副产品，其中一部分会被白蚁吸收，其余的，如甲烷气体，则被排出。白蚁蜕皮时（把坚硬的外骨骼蜕掉以利生长），会连皮带内脏一起蜕掉，因此，蜕皮后它们必须吃同伴的排泄物以补充细菌。它们会以舌头相互打理照料，这么做的同时，也把活在内脏里的真菌孢子喂给对方，帮助喂养它们的细菌共生体。在热带地区，白蚁建立大量的群落，每一平方米土壤里的白蚁，竟高达一万只，它们是地面上最主要的生物，其生物量超过同一地区所有的脊椎动物。食蚁兽知道该怎么做。白蚁在太平洋西北部没有那么猖獗，但还算举足轻重。森林地表上的枯木，有三分之一靠白蚁的活动而化为土壤。它们的复杂地道所扮演的角色也同样重要，这些地道为真菌孢子和到此地落脚的植物先行建好通道，以便其利用腐木的软木材。

躺在潮湿林地上的这棵树，七百年前还是幼苗，现在则是倒卧的巨人，昔日位于底层的竞争对手，为它裹上寿衣。它正在腐烂。在大自然中，死亡和腐烂支撑着新生命。湿木白蚁和木蚁，螨和跳虫，分解性真菌和细菌，都已经侵入了这棵树的木材。木头的保护层已经千疮百孔了。这里几乎照不到阳光。从本质上说，这是地面上的一个隆起，慢慢地在数百年中，它将成为一块堆肥沃土。这棵树的残骸上铺着一层厚厚的苔藓和蕨类植物，其轮廓依稀可见，宛如毯子下的一棵死树。九月，有翅种子稀稀疏疏地落下来了。这些种子有些来自仍然高高在上的花旗松，但大部分来自西部铁杉。花旗松的种子不会在这块木头上发芽，因为它们需要阳光，而且喜欢矿物质土壤，正如我们这棵树最早于世纪大火清除了底层之后，所落脚

保姆木

的砾石层一样。但铁杉种子喜欢长在肥沃、阴暗而有机的土壤上，这正是我们这棵树的内部状况。到了春季，铁杉苗孔武有力的根部经由白蚁和蚂蚁洞向下穿进我们这棵树的树干，碰到白蚁背上所携带的菌根真菌，它们会长得非常茂盛。这块木头竟成了竞争树种的保姆。最后，新树的裸根会跨骑在保姆身上，再进入土壤。当我们的树终于被分解为土壤时，森林中将会出现一长排西部铁杉，其笔直的队形近乎完美，每棵铁杉都长在一抔垄土上，这是其根部和我们那棵树的残骸所形成的矮丘。这些垄土将被覆上一层碎屑，这是老藤槭的落叶和道氏红松鼠的粪便，为寻找跳虫的鲑鱼提供庇护的剑蕨也将会长在垄土上。

日后，将有两个人走过这座浓密的森林，见到笔直排列的铁杉，其中一人看出，那里以前应该有一块保姆木。他们将不会知道，这块保姆木曾经是棵巨大的花旗松，它出生于爱德华一世当上英格兰国王之时，倒于华尔街崩盘那年，但他们将同样感受到万物与地球合一的奇特性。他们将带着这个感受回家，让自己终生受用。

重要名词对照表

书报、法条名称

《手稿》Notebooks

《自然史》Historia Naturalis

《李尔王》King Lear

《贝奥武甫》Beowulf

《彼得松指南》Peterson's Guide

《拉丁植物志》Latin Herbarius

《林木志》Sylva, or a Discourse of Forest Trees

《物种起源》The Origin of Species

《花满地球》Flowering Earth

《美食词典》Grand dictionnaire de cuisine

《原始林》Forest Primeval

《埃及植物志》De Plantis Aegypti

《草木志》De Vegetabilus et Plantis

《寂静的春天》Silent Spring

《风景与记忆》Landscape and Memory

《森林乃是植物社会》The Forest as a Plant Society

《植物史》Historia Plantarum

《植物本原》De Causis Plantarum

《植物解剖学》The Anatomy of Plants

《新草木志》Neu Kreütterbuch

《资本论》 Das Kapital

《德国植物志》 German Herbarius

《暴风雨》 The Tempest

《论植物的性别》 De sexu plantarum

《树》 The Tree

《药物论》 De materia medica

《每日广告报》 Daily Advertiser

《英属北美法》 British North America Act

一到三画

乙烯 ethylene

乙酸 acetic acid

二萜 diterpene

二分裂 binary fission

二倍体 diploid

二十雄蕊纲 Icosandria

人类圈 ethnosphere

大叶槭 bigleaf maple

大冷杉 grand fir

大角羊 mountain sheep

大海雀 great auk

大仲马 Alexandre Dumas

大麻哈鱼 chum salmon

四画

内海航道 Inside Passage

乌斑攀螈 clouded salamander

乌得勒支大学 University of Utrecht

乌普萨拉大学 University of Uppsala

乌特纳比西丁 Uta-Napishtim

乌利塞·阿尔德罗万迪 Ulisse Aldrovandi

太平洋紫杉 Pacific yew

太平洋银杉 Pacific silver fir

太平洋浆果鹃 Pacific madrone

太平洋西北部 Pacific Northwest

水晶兰 Indian pipe

水晶宫 Crystal Palace

水杨酸 salicylic acid

水文循环 hydrologic cycle

木蚁 carpenter ant

木贼 horsetail

木质素 lignin

不定根 adventitious root

不列颠哥伦比亚省 British Columbia

不列颠哥伦比亚大学 University of British Columbia

巴西斑马木 Brazilian arariba

巴黎药学院 Paris's École de Pharmacie

巴隆山国家公园 Gunung Palung National Park

双雄蕊纲 Diandria

双螺旋的 double-helix

五画

白足鹿鼠 white-footed mouse

皮蒂宫 Pitti Palace

皮吉特海湾地区 Puget Trough

皮埃尔－约瑟夫·佩尔蒂埃 Pierre-Joseph Pelletier

龙血树 dragon tree

龙脑香科 Dipterocarpaceae

布袋兰 pink lady's slipper

布列塔尼 Brittayne

尼科洛·佩里科利 Niccolò Pericoli

尼赫迈亚·格鲁 Nehemiah Grew

甲醛 formaldehyde

边材 sapwood

四角病 Four Corners Disease

甘草蕨 licorice fern

鸟嘌呤 guanine

平滑木贼 smooth horsetail

印第安李 Indian plum

汉坦病毒 hantavirus

节肢动物门 Arthropoda

本沙姆煤矿 Bensham Coal

史密森学会 Smithsonian Institution

艾伦·斯蒂尔 Allen Steele

六画

七画

花旗松 Douglas fir

花尾蝠 spotted bat

花栗鼠 chipmunk

花粉囊 pollen sac

花彩角鸮 flammulated owl

花旗松落叶病 Douglas-fir needle blight

冷杉 true fir

冷杉锯角叶蜂 balsam fir sawfly

冷杉扁头吉丁 flatheaded fir borer

赤松 red pine

赤霉酸 gibberellic acid

豆科 Leguminosae

兵蚁 soldier

丽蝇 blowfly

苍鹰 northern goshawk

冻原 tundra

附肢 appendage

邱园 Kew Gardens

伽林 Galen

拟樱桃 osoberry

芥子醇 sinapyl

芳香醇 aromatic alcohol

韧皮部 phloem

沙龙舞 cotillion

还原论 reductionism

八画

罗伯特·普雷斯顿爵士 Sir Robert Preston

罗纳德·道格拉斯·劳伦斯 R. D. Lawrence

细胞器 organelle

细腰湿木白蚁 Pacific dampwood termite

细鳞大麻哈鱼 pink salmon

单宁酸 tannins

单倍体 haploid

单雄蕊纲 Monandria

奇点 singularity

奇里乞亚 Cilicia

波罗的海云杉 Baltic spruce

波利尼西亚群岛 Polynesian islands

金鳟 golden trout

金鸡纳树 cinchona tree

孢子体 sporophyte

孢子囊穗 strobili

欧洲蕨 bracken fern

欧洲羽节蕨 oak fern

顶极林 climax forest

顶端分生组织 apical meristem

刺柏 juniper

肺衣 lungwort

莺尾 flag iris

虎鲸 killer whale

表皮 epidermis

九画

美洲栗 American sweet chestnut

美洲隼 American kestrel

美洲狮 cougar

美洲赤鹿 wapiti

美洲颤杨 trembling aspen

美洲野豌豆 purple vetch

美国榆 American elm

美国黑松 lodgepole pine

美国林务局 U.S. Forest Service

美国步枪协会 National Rifle Association

美国森林学会 Society of American Foresters

美莓 salmonberry

美因茨 Mainz

胚干 embryonic stem

胚叶 embryonic leaves

胚乳 endosperm

胚芽 plumule

胚根 radicle

胚珠 ovule

威拉米特 Willamette

威斯康星冰期 Wisconsin Ice Age

十画

莱斯沃斯 Lesbos

高分子 macromolecule

高山铁杉 mountain hemlock

埃氏剑螈 ensatina

埃涅阿斯 Aeneas

桦树 birch

桤木 alder

臭菘 skunk cabbage

配子 gamete

桑人 !San

泰诺人 Taino

莫诺湖 Mono Lake

桃花心木 mahogany

莴苣地衣 lettuce lichen

被子植物 angiosperm

桡足动物 copepod

脊索动物 Chordata

胸腺嘧啶 thymine

诺喔赛定 Nervocidine

剧毒棋盘花 death camas

荷兰榆树病 Dutch elm disease

格拉斯哥皇家植物园 Glasgow Royal Botanical Garden

宾·克罗斯比 Bing Crosby

莉萨·柯伦 Lisa Curran

唐纳德·卡尔罗斯·皮蒂 Donald Culross Peattie

十一画

银大麻哈鱼 coho salmon

萨斯科奇 Sasquatch

萨克拉门托 Sacramento

寄蝇 tachinid

寄生黄蜂 parasitic wasp

雪球地球 Snowball Earth

雪松太平鸟 cedar waxwing

铵 ammonium

萜烯 terpene

桫椤 tree fern

麻蝇 sarcophagid

梭罗 Thoreau

假升麻 goatsbeard

绿藜芦 green hellebore

野荞麦 wild buckwheat

弹尾目 Collembola

隐花植物 cryptogam

渗透作用 osmosis

控制性寄生 controlled parasitism

脱燃素空气 dephlogisticated air

清教徒移民 Pilgrim Fathers

菩菩利花园 Boboli Gardens

维利·布格德费尔 Willy Burgdorfer

菲尼亚斯·泰勒·巴纳姆 P.T. Barnum

十二画

十三到十四画

蜣螂 dung beetle

跳虫 springtail

锦绦花 cassiope

溪木贼 water horsetail

楝树油 neem oil

嗜极菌 extremophile

腺嘌呤 adenine

矮槲寄生 dwarf mistletoe

裸子植物 gymnosperm

新邓杰内斯角 New Dungeness

溯河产卵洄游的 anadromous

塞巴斯蒂安·瓦扬 Sébastien Vaillant

酸豆 tamarind

熊果 bearberry

管胞 tracheid

蔷薇科 Rosaceae family

歌带鹀 song sparrow

漂泊鼩鼱 vagrant shrew

碳水化合物 carbohydrate

褐色爬刺莺 brown creeper

赫尔曼·科尔贝 Hermann Kolbe

十五到十七画

瘤果松 knobcone pine

墨角兰 marjoram

蕨类植物 pteridophyte

霍勒斯·格里利 Horace Greeley

霍华德·恩赛因·埃文斯 Howard Ensign Evans

糖松 sugar pine

颠茄 belladonna

橙剂 Agent Orange

蕾切尔·卡森 Rachel Carson

藏卵器 archegonia

藏精器 antheridia

戴维·汤普森 David Thompson

戴维·道格拉斯 David Douglas

螺旋体 spirochete

穗乌毛蕨 deer fern

十八画及以上

藤槭 vine maple

鼹鼠 mole

Tree: A Life Story
Text copyright © 2004, 2018 by David Suzuki and Wayne Grady
Art copyright © 2004 by Robert Bateman
Foreword copyright © 2018 by Peter Wohlleben
First Published by Greystone Books,
343 Railway Street, Suite 201, Vancouver, B.C. V6A 1A4, Canada

著作权合同登记号：图字18-2019-047

图书在版编目（CIP）数据

　　一棵花旗松的生命之旅 /（加）铃木大卫（David Suzuki），（加）韦恩·格雷迪（Wayne Grady）著；林茂昌，黎湛平译. -- 长沙：湖南文艺出版社，2019.9
　　书名原文：Tree: A Life Story
　　ISBN 978-7-5404-9226-7

　　Ⅰ.①一… Ⅱ.①铃… ②韦… ③林… ④黎… Ⅲ.①植物－普及读物 Ⅳ.① Q94-49

　　中国版本图书馆 CIP 数据核字（2019）第 081101 号

上架建议：社科·科普

YI KE HUAQISONG DE SHENGMING ZHI LÜ
一棵花旗松的生命之旅

作　　者：[加] 铃木大卫　[加] 韦恩·格雷迪
译　　者：林茂昌　黎湛平
出 版 人：曾赛丰
责任编辑：薛　健　刘诗哲
监　　制：蔡明菲　邢越超
策划编辑：闫　雪
特约编辑：何琪琪
版权支持：刘子一
营销支持：文刀刀　傅婷婷　周　茜
版式设计：李　洁
封面设计：@吾然设计工作室
出　　版：湖南文艺出版社
　　　　　（长沙市雨花区东二环一段508号　邮编：410014）
网　　址：www.hnwy.net
印　　刷：北京中科印刷有限公司
经　　销：新华书店
开　　本：880mm×1270mm　1/32
字　　数：133千字
印　　张：8
版　　次：2019年9月第1版
印　　次：2019年9月第1次印刷
书　　号：ISBN 978-7-5404-9226-7
定　　价：52.00元

若有质量问题，请致电质量监督电话：010-59096394
团购电话：010-59320018